——商道即人道

稻盛和夫 的

「利他競爭力」

自燃性人才 × 不圓滑生存法，從未受上天眷顧的小
職員，如何創下常人不可企及的商業奇蹟？

人為什麼來到這世上？

宋希玉 —— 著

目 錄

目錄 ━━━━━━━━━━━━━━━━━━━━━

第五章　人生應以利他心度過

目錄

第八章 商道就是人道，經營企業就是經營人生

目錄

前言

他 27 歲就創建了京瓷株式會社，締造了經營企業近半個世紀從未出現虧損的奇蹟。他的經營模式與管理理念受到眾多企業經營者的追捧。

在 1970 年代的「石油危機」中，他帶領企業衝出了兩次石油危機的困境，之後又衝破了 1980 年代的日元升值危機、1990 年代的經濟泡沫危機、2000 年的 IT 泡沫危機。

他提出了國家要富強、企業要持續發展，應走「富國有德，以德經營」之路。他站在哲學的高度上考慮人生的活法與企業的經營，所以既是企業家，又被人們尊稱為哲學家。

是的，他就是稻盛和夫先生，京瓷株式會社和 KDDI 公司這兩家世界 500 強企業的創始人。他與松下幸之助、盛田昭夫及本田宗一郎並稱為日本「經營四聖」，還被譽為「當代的松下幸之助」。

稻盛和夫在其人生哲學當中，體現了勤奮與堅持不懈的蹤跡，特別是在開創事業的過程中，他從沒有懈怠過，哪怕是一天。他努力的過程讓我們常人難以想像，他所提出的「六項精進」原則，更說明了「付出不遜於任何人的努力者必然成功」。

稻盛和夫也一直堅信「正確的做人原則」就是經營企業的正確途徑，所以他的經營哲學與其人生哲學也是一脈相通的，這也讓我們看到他獨到的人生哲學、思善行善的「利他之心」，獨有的「人生方程式」，以及成就一生的經典「活法」。

我們不得不承認，稻盛和夫的人生道路為年輕人成就事業指明了方向；而他發明的「阿米巴經營模式」以及讓員工與經營者共有同一哲學的

前言

理念，更為廣大企業，特別是處於發展奮鬥中的中小企業提供了長遠、持續發展的動力。

那麼我們有沒有想過，在稻盛和夫經營的50年時間裡，他一路成功，這個沒有天賦，甚至從小學到大學，在考試中經常不及格的平凡人，是如何取得成功的呢？這個從來沒有蒙受上天惠顧的普通人，又是如何成就了讓人不可企及的商業奇蹟呢？

本書從全新的獨特視角，全方面、多角度地分析了稻盛和夫成功的方法與人生哲學的精髓。無論是立志創造一番偉業的年輕人，還是渴望汲取經驗，從而幫助自己取得更大成功的經營者，甚至是一些想讓自己人生更完美的普通人，都能夠從本書當中得到有益的啟發，找到可借鑑的靈丹妙藥。

第一章
人生的意義到底是什麼

▌人生的意義是磨鍊靈魂

我們現今生活在一個紛亂如麻、前途未卜的「不安分的時代」，人人富裕卻不知足，豐衣足食卻禮節不周，充分享受自由卻又倍感閉塞。唯有幹勁，才什麼東西都能夠得到，任何夢想也才能夠實現。可是現今的社會卻彌漫著頹廢、悲觀的氛圍，甚至有人甘心成為醜聞的主角，甚至成為一名罪犯。

稻盛和夫認為：對這個時代來說，最需要的就是從根本上質問「人為什麼活著？」這也就要求人們要正視這一問題，樹立作為人生指南的「哲學」。

稻盛和夫說：「所謂哲學，也可稱之為『理念』或者『思想』。這是類似沙漠裡撒水那樣虛無或者在急流中打樁一樣困難的事情。但是，正因為我們處於鄙視勞動、紛亂浮躁的時代，我相信只有單純且直率的質問才有更深的意義。」

的確如此，人只要活著，就必須衣食充足，而且還需要有保證我們能夠自由自在生活的金錢。除此之外，盼望出人頭地，也是人生的動力之一，我們不應該片面的進行否定。但是，這些只是局限於今生，因為即使我們積攢了再多的錢也是不能帶到來世去的，所以說，今生之物只限今世。

如果說今生之物中有一樣永不滅絕的東西，那麼我們找來找去就只有「靈魂」了，在我們迎接死神的時候，我們是不得不捨棄今生建立起來的全部的地位、名譽、財產，最後只能帶上自己的靈魂開始新的旅程。

所以，當有人問稻盛和夫「人為什麼來到這個世上」的時候，他總會毫不猶豫地、毫不誇耀地回答：「是為了比出生時有一點點的進步，或者說是為了帶著更美一點、更崇高一點的靈魂死去。」

因為我們從出生直到最後咽氣的那一天，都是在體驗各式各樣的苦和樂，也在被幸運與不幸的浪潮沖刷著，不屈不饒地努力活著。我們應該把這個過程本身當作「去污粉」，不斷提高自己的人性，修練靈魂，最後能夠帶著比第一次來到人世時有更高層次的靈魂離開這個世界。

稻盛和夫認為人生的目的除此以外別無他求。今天比昨天更好，明天比今天更好，所以，不屈不撓地工作、勤勤懇懇地經營、孜孜不倦地修練，只有這樣，我們的人生目的和價值才會確確實實地存在著。

俗話說：「人生在世苦難多！」人有時候可能會怨恨上天，為什麼要讓我們吃這樣的苦頭？可是我們反過來想想，也正是因為人生苦短，我們才有必要認為正是這樣的苦難，成為了對我們修練靈魂的一種考驗。

所謂勞苦，在稻盛和夫的眼中就是鍛鍊自我人性的絕對機會。稻盛和夫認為能夠把考驗當作「機遇」對待的人，也只有這樣的人才能把有限的人生真正地當作自己的人生活下去。

而所謂今生，稻盛和夫則認為這是一個為了提高身心修養而得到的期限，是為了修練靈魂而得到的場所。

稻盛和夫曾經這樣說：「人類活著的意義和人生價值就是提高身心修養，磨鍊靈魂。質樸的原理原則是不可動搖的指標，而靈魂取決於「人生態度」，它有可能得到磨鍊，也有可能產生汙點。由於人生的度過方式不同，我們的精神既可能變得高尚也可能變得卑鄙。」

在現實中，有不少世間少有的英才，最後都是由於沒有崇高的精神而誤入歧途。特別是在商業世界中，很多人都會有「一切以自我為中心」的心態，只要自己賺錢就行，最終成為某種商業醜聞的主角。

其實這些人都是所謂的商業奇才，為什麼他們的行為如此令人不齒呢？古語說得好「聰明反被聰明誤」，有才華的人往往會過於相信自己的

實力，這樣就更容易朝著錯誤的方向發展。這樣的人，即使憑藉才智能夠成功一次，但是過分依賴才智也終將走上失敗之路。

京瓷公司是稻盛和夫在 27 歲時和夥伴一起創辦的一家公司。在經營方面，可以說稻盛和夫就是一個門外漢，缺乏經營的知識和經驗。但是為什麼最後京瓷公司能夠發展的如此之好呢？

原來儘管稻盛和夫對於經營一無所知，但是他單純地堅信，如果做事情違背人們廣泛接受的倫理和道德的話，則終將一事無成。可以說這是一個極其簡單的標準，也是通情達理的原理，遵循這個原理進行經營就不會茫然失措，就可以永遠前行在正確的道路上，從而使事業走向成功。

其實，我們人生的目的就是「磨鍊靈魂、提升心性」。稻盛和夫說「在這個巨大的目的面前，我們個人在世累積的財產、名譽、地位就顯得微不足道。事業成功，飛黃騰達，富可敵國，所有這一切，與『提升心性』相比，猶如塵埃，不足持齒。」

▍秉持厚德走正道才是人生的大道

現今，科學技術的發展都是源於人們對物質需求的無盡探索與追求，隨著科技的不斷發展，人們的生活也會日漸富裕起來。但是我們應該知道，富裕的物質生活如果沒有充實的精神生活相陪伴的話，其實這就不能稱為文明了。

而且現今的眾多社會現象也讓我們看到，物質文明雖然在很大程度上有了飛速的發展，但是並沒有帶動精神文明的進步，反而讓很多人的道德意識變得薄弱，這正是許多人在事業上無法發展的根本原因。

為人處世的成敗，究其根源，就是做人態度端正與否的問題。於是，提倡遵循道德倫理，樹立正確的做人態度和人生觀，對我們的發展就顯得

尤為重要了。

在人生的道路當中，我們經常需要根據自己的判斷標準來作出很多決定，而稻盛和夫告訴我們，自己的判斷標準一定要有正確的原則作為依據。

那麼，什麼才是正確的原則呢？

稻盛和夫說：「嚴格遵守基本的倫理道德，是對每個人最基本的要求。這一點有助於我人生走向成功和輝煌，同時也能讓人類走向和平與幸福。」

早在京瓷公司創立之初，稻盛和夫對於經營可以說是一竅不通，既沒有經驗，也缺乏企業管理方面的知識。

而這時稻盛和夫所面臨的難題是怎麼做才能讓公司順利地成長起來。到底應該做什麼？什麼可以做？什麼不可以做？究竟怎麼做才好？

在當時稻盛和夫並沒有什麼好的辦法，而且其他人也拿不出主意來。最後經過深思熟慮，稻盛和夫明白了一個道理，那就是做事和做人一樣，首先要端正態度，不能做違背基本倫理道德的事情，如果去從事違背人類倫理和道德的事情，那麼肯定是一事無成。

這樣的想法也讓稻盛和夫明確了經營的方向。同時，他的這樣一種思想也影響到了每一位員工，告訴他們「不撒謊、不騙人、不貪婪」的做人原則，而這些都是現在我們做事應該依據的正確判斷標準。

稻盛和夫就是用這樣的倫理道德來作為判斷事物的基準，稻盛和夫說：「公司的經營只有遵守這些單純的教誨，才可能順利地發展下去。這個基準雖然很簡單卻很有用，京瓷公司以此作為自己的經營判斷標準，基本上沒犯過原則上的錯誤，公司因此得到了壯大與發展。」

「事業原理原則，不是公司的利益或者面子，而是對社會或人類是否

有益。給消費者提供有益的產品和服務是企業經營的根本，也應該是企業經營的原理原則。」

根據道德觀的指導，在 DDI 公司、國際通訊巨鱷 KDD 公司和豐田系列的 IDO 公司合併重組的時候，稻盛和夫提出由 DDI 公司控制主導權。這不是基於霸權主義或者本公司利益而提出的，而是為了新購公司成立之後能夠立即順利開展工作。因為在當時的三家公司當中，只有 DDI 公司的業績最好，經營基礎也最扎實，所以由 DDI 控制主導權是最合適的。

當稻盛和夫誠懇地把他的想法，甚至是包括對將來日本資訊通訊產業的預測，告知其他兩家公司的時候，兩家公司的領導人都被他的遵守道德為原則的真誠和熱忱打動了，一舉達成共識。接下來，由三家公司合併的 KDDI 公司取得了突飛猛進的進步。

在《大學》裡有這樣的記載：「德者本也，財者末也，外本內末，爭民施奪。是故財聚則民散，財散則民聚。事故言悖而出者，亦悖而入；貨悖而入者，亦悖而泏。」其實意思就是說，道德是人的根本，而財富是人的末節。如果一個人把根本看成是外在的，而把末節當成是內在的，那麼就會去和百姓爭奪利益。所以，聚財只會失盡民心，只有施財才能夠得到民心。

同樣的原因，作為一個企業的經營者，也應該懂得輕財重德的道理。稻盛和夫說：「一旦經營者被私心所吞沒，並導致其判斷上的失誤時，將會為整個集團帶來災難。從這一意義上來說，握有企業經營之舵的經營者，必須隨時做出正確的判斷。」

稻盛和夫認為，做事其實就是做人，而做人是要講究德行的。但是，很多人認為遵循這些倫理道德是一種落伍的表現，只有迂腐不化的人才會去遵守它。

　　但是我們不能否認的是，這些原本為了推進社會進步與發展，用以規範人類行為的道德準則，都是經歷了千百年沉澱下來的智慧結晶，但是如今卻被很多所謂「文明社會」中的快捷文化給「方便化」了。這種現象帶給人類和世界本身的，是非常讓我們痛惜的「回報」。

　　由此可見，我們不違背道德，樹立正確的人生態度和做人準則是多麼重要的事情。稻盛和夫告訴我們：「要給自己比他人更為艱苦的人生，並不斷嚴格要求自己，這是不可或缺的。努力、誠實、認真、正直……嚴格遵守這些看似簡單的道德觀和倫理觀，並把它們作為自己的人生哲學或人生態度的不可動搖的根基。」

　　我們做人應該謙遜，有才能的人更不應該恃才傲物。作為各個領域的領導者，從一定程度上來說，其人格比其擁有的才華更重要。有才無德的領導者，就是因為缺乏道德規範、倫理標準的自我約束，才導致很多政界醜聞、商界貪汙案頻發。而追本溯源，這些褻瀆社會所賦予他們信任的行為，都是因為缺乏道德意識。

　　稻盛和夫一手締造了兩家全球 500 強的企業，他之所以能夠擁有如此傲人的成就，就是因為他始終謹遵正確的做人和做事原則，不違背基本的倫理道德，踏實地走好人生的每一步路。這也是稻盛和夫在精神上經歷了從「商道」到「人道」再到「佛道」後的參悟。

　　稻盛和夫始終認為，居於他人之上的領導者，需要的不僅僅是才能和雄辯，更重要的是要有道德，也就是說領導者必須是一個擁有「正確的生活方式」的人。

　　其實對於身處社會各個階層的人來說，有什麼樣的人生哲學就會有什麼樣的人生道路。這裡所謂的人生哲學就是以道德為基礎的人生觀、價值觀。如果不打好這個哲學根基，那麼人格之樹就不能長成筆直粗壯的參天大樹。

在「極度」認真工作中實現高尚的人格

　　稻盛和夫非常崇尚「精進」二字，所謂「精進」就是指一心撲在工作上，專心致志於眼前所從事的工作，稻盛和夫認為這是提高自我身心修養，砥礪人格的最重要、最有效的方法。

　　在我們一般人的思想當中，所謂勞動就是一種為了獲得生活所需的糧食、報酬的手段。但是稻盛和夫認為，盡可能縮短勞動時間獲得更多的薪水，讓其餘的時間來按照自己的興趣或者業餘愛好做事情，這才是豐富的人生。

　　在一些持有這種人生觀的人之間，有的人認為勞動似乎就是大家都不願意做，但是又必須去做的事情。其實，勞動對於我們人類來說是具有更深遠、更崇高的價值和意義的行為。因為勞動具有戰勝的欲望、磨鍊精神、創造人性的效果，勞動的目的不僅僅是簡單地獲得生存所需的糧食，我們所說的獲取生存所需的糧食，這只不過是勞動的附屬功能而已。

　　所以，專心致志、一心撲在日常工作上這才是最重要的，因為我們的高尚人格是在「極度」認真的工作中實現的。

　　出生並成長在貧困之家的二宮尊德，他雖然是一個毫無學問的農民，但是手上一根鋤、一把鍬，每天都是從早到晚披星戴月地耕田勞作。最終，透過自己的辛勤勞動，二宮尊德把一個凋敝的農村發展成為了一個富裕的村莊，也成就了自己的一番偉大事業。

　　後來，也正是因為這樣的業績，二宮尊德就得到了德川幕府的重用，在宮中與諸侯平起平坐。儘管二宮尊德在之前並沒有學習過任何禮儀，但是在他的舉止言談之中自帶威嚴，就連神色也極盡富貴之態。

　　為什麼會這樣呢？稻盛和夫解釋說：「毫無疑問，全身沾滿汗水和泥土、堅持勞作的『田間的精進』，已經潛移默化，扎根於內心，陶冶了人

格、砥礪了精神，人品也達到了更高境界。」

像這樣專心致志於一件事情，努力工作的人，都會透過日常的精進，讓精神自然得到磨鍊，進而形成厚德載物的人格，而勞動這種行為的高貴之處就在於此。

也許當我們說起精神修練，會讓人聯想到宗教上的修行，其實熱愛本職工作，一心撲在工作上，這就是精神修行，稻盛和夫認為已經足夠了。

在拉丁語中有這樣一句諺語，「與其完成工作，莫如完善做工者的人格」，人格的形成正是透過工作的完成而實現的。

也就是說，哲學往往產生於辛勤的汗水之中，而精神則是在日常的工作中得到磨鍊。埋頭幹好本職工作，想盡各種辦法不斷努力，這樣才真正意味著珍惜人生中的每一個今天，珍惜此時此刻的每一個瞬間。

稻盛和夫經常對他的員工說，「必須『極其認真』地過好每一天。生命只有一次，萬萬不能浪費，要『竭盡全力』真摯、認真地活著 ── 繼續這種看似樸素的生活，平凡的人不久也將舊貌換新顏，變成非凡的人。」

過度工作並不像一般人所想像的那樣危險，也不像很多人認為的那樣普遍。有許多人把工作過度和實際工作過少或擔心工作過多混為一談。如果一個人一天做完事下來很有成就感，那麼不管這一天的工作有多麼辛苦，他的內心都是舒適和滿足的。反之，如果一天下來無所事事，沒有成就感，即使這一天過得再清閒，他的內心都是焦灼而失望的。要是一個人對工作懷著濃厚的興趣，覺得戰勝工作的困難就是一種快樂，那麼，他比那些把工作看成一種負擔的人，不僅不會覺得疲倦，反而要輕鬆許多。

其實，許多功成名就的人就是因為在被指派的工作之外做了許多額外的工作，從而才獲得了機會的垂青。

　　戴約瑟在自己 14 歲的時候，還在一個公司打雜，而他心中一直有一個夢想，就是成為一名傑出的推銷員。

　　有一天下午，從芝加哥來了一位大客戶。當時是 7 月 3 號，這位客戶說他 7 月 5 號便要動身前往歐洲，所以想在自己動身之前先訂一些貨。

　　這樣以來就需要等到第二天才能辦好，可是第二天正好是 7 月 4 日，也就是國慶日，是全國放假的日子，不過店主已經答應了明天派一名店員來處理這件事情。

　　普通訂貨的手續通常是客戶先把各種貨物的樣品看一遍，選定他所想要的貨，然後推銷員就會把客戶訂的貨拿來再認真的檢查一遍。

　　但是，這一次被指派去做這件事情的那個年輕店員不願意犧牲他的假日來取貨，他為難地說，他的父親是特別愛國的，絕對不願意讓他的兒子把國慶日這樣的假期浪費掉。很明顯，這是一種推託。

　　於是，戴約瑟對這個店員說，他願意代替他做，結果在沒過多長時間之後，戴約瑟就成為了公司的正式推銷員，而這一年他才僅僅 17 歲。

　　世上所謂的「名人」，也就是在各自領域達到頂峰的人，他們幾乎每個人都經歷了認真工作、熱情工作這一過程。

　　稻盛和夫說：「我們透過每天辛勤的工作，就能夠在形成高尚人格的同時也一定能夠獲得一個美好的人生。」所以，「精進」並不需要脫離世俗的社會，而工作的現場就是最好的磨鍊精神的地方，工作本身就是修行。

▌誰都能遇見心想事成的自己

　　我們經常希望夢想成真、心想事成，但是什麼「夢想」才能夠「成真」呢？怎樣「心想」才能「事成」呢？可能真的很少有人認真思考過這個問題。

不管經營也好，人生也好，首先「心不想，事不成」。稻盛和夫說，「心不喚物，物不至」。也就是說你自己內心並不渴望的事情，不可能在你身邊出現，那麼就更不可能變為現實。

但是「心想」了，就一定「事成」嗎？這個當然也不一定了。這種「心想」，如果只是在頭腦當中偶爾閃過的「念頭」，或者只是口頭上隨便表達的「希望」，那麼這種程度的「心想」，是不可能「事成」的，只有「強烈的願望」。如果按照稻盛和夫的說法那就是「持續的、滲透到潛意識的強烈的願望」，才能夠讓你的「夢想」成真，而且一定會讓你的「夢想」成真。

其實，很明顯，你抱著怎樣的「想法」，你就會成為怎樣的人；你的價值觀也決定了你這個人的價值。這是稻盛和夫的一個基本思想。

成功方程式的第一要素就是「人格理念」，也就是上述造境之「心」，就是上述的「想法」和「價值觀」。在這裡又可以用「強烈的願望」這句話來表達，從這個意義上來說，它肯定又是成功的第一「要因」，因為成功的本身不過只是結果而已。

那麼人究竟在多大程度上可能實現自己的願望呢？稻盛和夫認為只要我們頭腦裡出現「想要這樣做，想做成這樣」願望的時候，從遺傳基因層次上面來說，這種願望大體上都是在可能實現的範圍之內的，也就是說，我們要具備把自己的想法變為現實的潛在能力。

稻盛和夫在創建 KDDI 的時候，當時很多人都覺得不可思議，一個陶瓷元件廠居然挑戰壟斷日本通訊市場百餘年的 NTT，就好像「唐·吉訶德，手持長矛衝向巨型風車」，簡直太不自量力了。可是，稻盛和夫就是憑著「降低民眾的長途通訊費用」這一單純而強烈與執著的願望創造了奇蹟，把「不可能」變成了「可能」，把「不可思議」變成了社會現實。

　　稻盛和夫說，這樣的願望是一切事業的起點，沒有這個起點，一切無從談起。沒有這種願望，「可能」也會變成「不可能」。

　　而所謂「強烈的願望」，就是指無論如何也一定要實現的願望，就是一天 24 小時思考的事情，吃飯也想，走路也想，睡覺、做夢也想，甚至洗澡、上廁所也想，反覆深入、細緻周密地想，要念念不忘地想。如果用稻盛和夫的話來講就是：「從頭頂到腳底，全身充滿了這種願望，如果從身上某處切開，流出來的不是血，而是這種『願望』將流出來。」

　　在很多時候，能力和努力幾乎相同的人，可是有的人成功了，而有的人則失敗了，原因何在？稻盛和夫認為，原因不在運氣，而是在於他們所持「願望」在「高度、深度、熱度、強度、大小程度」上的差異。

　　這樣的「願望」，也就是所說的「思考」，其實就是在我們每個人頭腦當中一次又一次進行的「模擬演練」。換句話說，事情還沒有發生，但是卻已經事先在頭腦當中進行了許多遍了，以至於在心裡已經「看見」了事情的過程和結果。

　　如此以來，在開始的時候只是理想和願望，在頭腦裡反覆演練的結果，理想和現實之間的界限將會逐漸消失，產生「沒做的事也好像已經做過似的」感覺，這樣自信從中自然而然就有了，到達在「思考中看見結果」這樣一種心理狀態。

　　從這個意義上來說，即將出現的事物或現象，不過是思想在現實中的投影。在之前從沒有涉足過的領域進行創造性的工作，這一點是非常別重要的。

　　在京瓷當時有一位與稻盛和夫同年齡的、名校畢業的研究員，和部下一起，經過好幾個月的艱苦努力，最後研製出了一種新產品。可是沒想到稻盛和夫只看了一眼就說不行。

結果這位研究員急了：「這產品的各項性能全部符合客戶要求，為什麼不行？」他非常的不服氣。

「不對，這不是我心目中的高品質的產品，首先顏色上就過於暗淡。」

「你也是技術出身，請不要說什麼『顏色不好』之類帶有情緒的話，這是工業品，不是藝術品，請您給予更科學、更合理的評價。」

但是，稻盛和夫卻認為，這產品與自己事先在頭腦當中已經「看見」的東西是不一樣的，即使性能合格，如果顏色不好，就不是高水準的、卓越的產品。大家都會做的、不完美的產品根本不會有好的市場前景。

儘管研究人員工作是非常辛苦的，也有不滿情緒，但是稻盛和夫還是要求他們必須重做。後來又經過多次努力修改，終於做出了理想的產品，獲得了最後成功。

其實，怎樣「心想」才能「事成」呢？答案很簡單，就像稻盛和夫這樣「心想」，就一定「事成」。

抱善念、傾熱情，打開「智慧的寶庫」

京瓷公司為什麼經營的如此之好，到底為什麼能夠產生這樣的結果呢？稻盛和夫認為既不是湊巧，也不是憑藉他個人的能力才能辦到的。稻盛和夫認為，在這個世界，甚至這整個宇宙的某個地方，存在著一個「智慧寶庫（真理的寶庫）」，而我們在自己也無法察覺的時刻，將寶庫裡所蓄積的新的點子、靈感及創造力的形式一個個抽取、挖掘了出來。

其實這所謂的「智慧寶庫」，只不過它們的所有權不在人類的身上，是由很多神明或者是宇宙當中所保管的類似「普遍的真理」。而當把裡面的真理傳授給人類，我們人類的技術就會不斷進步，也自然能帶動文明的

發展。其實稻盛和夫本人，他也搞不清那是什麼狀況，只能說大概是當他拼了命投入研究的過程當中，接觸到了智慧的一角，才能夠得以發揮創造力，嘗到成功的果實。

稻盛和夫還設立了「京都賞」，設置這個獎項的目的是為了表彰替人類開創新局的各種領域裡面的研究人員。當稻盛和夫與這些研究人員接觸的時候，令他感到驚訝的是，他們創造力的靈感，竟然真的好像是來自那有如神授旨意般的一剎那。

在他們長期默默從事研究的過程當中，創造的靈感通常會在休息的片刻閃過腦海，有的時候出現在睡夢當中。

愛迪生（Thomas Alva Edison）能夠在光電和通訊領域成就各種劃時代的發明，也正是因為他付出了過人的努力，拚命鑽研，結果才得以接收到來自「智慧寶庫」的靈感啟發。

而且，當我們回顧以往偉大先哲們的豐功偉業時，我們也會更加確信人類都是如此汲取「智慧寶庫」的知識和技能，並且把其轉化為生產力和創造力，而促成了物質的進步並帶動文明的發展。

那麼，我們要如何打開寶庫，取得智慧呢？稻盛和夫認為沒有別的方法，就是靠一股腦全心投入的熱情，再加上出於至誠的不斷努力。也就是說，當我們想得到什麼東西的時候，那些抱持著善念拚命努力的人，自然會有神明來為他照亮前程，從「智慧寶庫」裡為他投射出一線光明。

當人們談到這件事情的時候，稻盛和夫總是會說，當時的他還非常清醒，而清醒的時候就不用說了，連睡覺的時候腦子裡面都還在想著研究的事，可以說稻盛和夫對工作是瘋狂的投入。

當時他的內心只有一個強烈的念頭：無論如何一定要成功。稻盛和夫對工作就是以這一一種不成功便成仁的心態去面對的。從而也讓稻盛和夫

得到了保存在「智慧寶庫」裡的一部分智慧，作為他的回報。

其實，稻盛和夫最與眾不同的地方在於，他有一套「敬天愛人」的經營哲學以及由此衍生出來的「利他競爭力」。

當時稻盛和夫並不了解日航存在的問題，但是根據稻盛和夫對企業的一般性分析，追溯企業經營中的問題，其根源要麼是自利，要麼是自保。

在產品滯銷的時候，稻盛和夫願意相信那是由於自己手下的部門不配合的原因，比如定價太高了、服務太差了，或者是客戶太刁難了；而當經營利潤下降的時候，稻盛和夫也寧願相信「不是自己的兄弟無能，是對手太厲害了」；假如當經營利潤連續三個季度業績下降的時候，CEO 就會開始用一個錯誤掩蓋另一個錯誤，以免遭到董事會的責難；而當華爾街終於壓不住火的時候，董事會一般會開除 CEO，為自己解脫。

如果我們總是能夠以利他的角度審視企業面臨的問題，我們就會獲得一種「心底無私天地寬」的開闊感，這樣也就更容易發現複雜事物背後的本質問題。

其實，人性的光輝從來都沒有熄滅過，只是有時被私利和困頓所遮蓋了，利他的動機能夠煥發員工的激情和創造力，同時，也可以讓經營者具有前所未有的決斷力和正義感。

稻盛和夫認為，宇宙具有一種生生不息的意志和力量，這是一種「向善」的力量。利他之心符合「向善」的宇宙意志，因而將會協助我們打開「智慧的寶庫」，讓我們享受靈光一現的驚喜。稻盛和夫說，打開智慧的寶庫大門的鑰匙就是利他。

▎每一個人都必須重新審視自己的人生態度

稻盛和夫的哲學就是要讓我們懂得，人類活著的意義和人生的價值就在於提高身心修養，磨鍊靈魂，一定要求自己比他人有更為艱苦的人生，並且不斷嚴格要求自己，遵守努力、誠實、認真、正直的道德觀和倫理觀，並且懂得「知足」，以利他之心生活，不斷累積善行，樹立一個正確的人生態度和人生哲學，而且能夠貫徹始終，只有這樣才能夠讓我們每一個人的人生走向成功和輝煌，而且這也是人類走向和平與幸福的王道。

追求正確的人生態度和人類應有的狀態這些已經不能算是我們的個人問題了，稻盛和夫的哲學其實是在把我們整個人類引向正確的方向，這樣也就要求我們每個人都必須重新審視自己的「人生哲學」。

所以，我們有義務認識自己的責任，並且能夠終其一生去努力磨鍊靈魂，讓自己的靈魂變得更加高尚，要讓自己不斷地精進。努力勤奮地工作、心懷感恩之心。善思善行、誠懇地反省，並且做到很好地約束自己，從而在日常生活中持續磨鍊心智、提高人格，只有努力做到這些看似理所當然的事情，這才是真正的人生意義，才是稻盛和夫哲學所闡述的真實的「活法」

稻盛和夫提出「以原則思考，化繁就簡是做人和做事的原則」，而且他認為，作為個體的我們，做人做事都應該有一把尺，超出了自己所能承受的「度」，就應該非常明確地告訴自己不能做。

所有的事情越單純，越接近它本來的狀態，也就是說越接近真理。於是，用簡單的方法去對待複雜的事情，這種思維方式就變得異常重要了。其實用最樸素的原理我們往往能夠解決大問題，很多問題真的是我們自己想複雜了。

　　人生的原則也是這樣，工作的原則更是相通的，很多看似複雜的問題經過我們的認真分解，然後就能夠找到相互之間的連繫，從整體到局部，再從局部到整體的方式去思考問題，那麼往往遇到的難題也變得容易解決起來。

　　稻盛和夫創造了「智慧的寶庫」這一詞彙，也可稱之為「宇宙的攝理」或「造物主的睿智」。總之，稻盛和夫認為正是這種大智慧才不斷指引人類走向成長和發展。

　　但是，就在近幾年，稻盛和夫產生了一種憂慮，他發現人們似乎已經迷失了前進的正確方向，或者說，人們誤用了從「智慧的寶庫」中獲取的智慧，朝著一個錯誤的方向發展著。而之所以會出現這樣的狀況，就在於人們已經喪失了正確的人生「哲學」。

　　換句話說，人類依靠科學技術構築了現今的高度文明，也享受到了富裕的生活。然而在這方面的成功，卻導致了另一種結果，就是讓人們更容易忘記人的精神、人的心靈的重要性，因此也就從而引發出了新的問題，比如破壞了地球環境等。

　　稻盛和夫認為，由於科學技術的進步，人類現在已經插手到了「神業」，開始自由地應用這種「神業」。而過去只有「神」才可以使用的高度的技術、智慧，人類現今已經認為這些都歸自己所有了，可以自由放任地使用。而這種惡因產生的惡果，表現出來的就是環境的破壞。

　　比如，氟利昂破壞了臭氧層；農藥、肥料污染了土壤和河流；二氧化碳的過度排放招致地球變暖等等，這些對生物的影響嚴重，也將嚴重威脅到我們生存的地球環境，甚至會威脅到我們人類本身的生存。

　　原因就在於由於本來應該引導世間萬物走向幸福的智慧卻被我們人類用錯了方向，曾經用來促使人類進步的「武器」，現在卻開始傷害人類自

己了，而且還有可能毀滅人類。

其實這些就與稻盛和夫的「人生方程式」所表現的一樣，不管我們具有多麼先進的技術和智慧，這些都相當於方程式中的能力，也不管我們擁有多麼高度的熱情，如果我們忘記了努力去提升思維方式，也就是所謂的哲學、理念、思想，那麼其結果必將是給地球帶來巨大的災難。

所以，追求正確的人生觀，追求做人應該有的姿態，已經不是我們每個人的個人問題了。為了能夠讓人類找準前進的方向，為了能夠把地球從毀滅的道路上拯救出來，我們每一個人都必須重新審視自己的人生態度。

因此，必須對自己的人生態度提出一個更高的標準，並且能夠不斷地嚴格自律。勤奮、誠實、認真、正直等，而只有嚴格遵循這些單純的道德律和倫理觀，並且將這些作為自己不可動搖的人生哲學和人生態度的根基。

樹立一個作為人應該具有的正確的人生觀，並且能夠盡力貫徹到底，這才是人生的「王道」，因為這不僅能夠指引我們每一個人走向成功和輝煌，而且還可以給我們整個人類帶來和平與幸福。

第二章

人生應以實現理想為目標

▎主動追求，心不想，事不成

　　稻盛和夫認為願望必定能實現。用他的話說：「無論如何一定要這樣做！」一個人只要有了這種強烈的意願，那麼他的願望就會變成行動，這個人就會很自然地朝著實現願望的方向努力。

　　但是，這必須是一種強烈的願望，而不是隨便想想。「不管怎樣，無論怎樣，一定要這樣！」、「一定非如此不可！」必須是這種由強烈的意念支撐的願望或理想。

　　廢寢忘食、朝思暮想、念念不忘、反覆思考，如果我們真的能夠做到了整日裡只想著這一件事，那麼這樣的願望就會漸漸滲透到「潛意識」當中。

　　所謂「潛意識」是不自覺的、潛藏於人內心深處的意識。平時可能意識不到它的存在，但是在無意識當中或者是在某一特殊時刻它就會閃現，並且發揮不可估量的作用。

　　另一方面，日常發揮作用的意識我們通常叫「顯意識」。在人的意識當中，「潛意識」的領域要大大超過「顯意識」。經常反覆的體驗以及強烈的刺激都能夠進入「潛意識」當中。據說如果我們每個人能夠用好「潛意識」，那麼就有可能在瞬間做出正確的判斷。

　　這種「潛意識」甚至是在我們睡覺的時候也會發揮作用，它能將我們的行動引向實現目標的方向。

　　稻盛和夫曾經舉了一個駕駛汽車的例子，當我們看完這個例子之後，或許就會更容易理解「潛意識」所包含的不可思議的力量。

　　當我們剛開始學習駕車的時候，我們手握方向盤，腳踏油門或煞車，做每個動作前都要思考，這其實就是用「顯意識」在開車。

　　慢慢地，到後來習慣了、熟練了，就沒有必要考慮操作順序，這時就

會在無意識中也能駕駛了。

有的時候還會一邊思考工作上的問題，一邊駕車。即使有的時候突然一驚，但是隨後還是能夠正常駕駛而不發生事故。因為駕駛技術已經滲透到了我們的「潛意識」當中，所以即便不使用「顯意識」，身體手足也能夠運作自如。

其實在工作中我們也能夠有效使用「潛意識」。比如，「這個工作我想這麼做」，當這種意念非常強烈的時候，突然就會有靈感閃現，這就來自「潛意識」。

透過每天思索，我們的願望就會滲透到「潛意識」中。在意想不到的場合，「潛意識」就會出現，幫助你解決問題。

稻盛和夫說：「每天每日，在拚命思索的過程中，願望就會滲透到『潛意識』中。這樣一來，即使不特別留意，在意想不到的場合，『潛意識』也會發動，給你啟示。而且這種啟示往往觸及事物的核心，使問題很快就得到解決。」而在這種情況下，有的時候只能用「神的啟示」才能解釋得通。

有一段時間，稻盛和夫的京瓷公司想要挑戰新事業，說是要挑戰，但是當時他們卻缺乏在這種新領域的專業技術。

雖然稻盛和夫有一種自信，認為只要把京瓷的技術運用到這個新領域中去，就能打開新的局面，但稻盛和夫現有的人才和技術與別人的差距都很大，他也曾為此煩惱不已。就在這個時候，稻盛和夫碰上了意料之外的機遇。

在一個聚會上，稻盛和夫請朋友推薦人才。結果這個朋友恰好認識這一領域的一名優秀專家，於是雙方一拍即合，稻盛和夫馬上請這位專家加入公司，從此之後，京瓷的新事業得以順利展開。

這樣的事情我們看起來似乎是偶然的，但是實際上，正是因為稻盛和夫不停地思考，這個念頭已經深深進入到了他的「潛意識」，所以實現它是必然的。

假如稻盛和夫不曾抱有如此強烈的願望，那麼，即使非常理想的人才在他的眼前走過，稻盛和夫也會錯過這次機會。

可見，要實現高目標，前提就是持續地懷抱能滲透到「潛意識」當中的強烈願望。

▌不管吃飯睡覺都想，強烈的願望最重要

一個人要想實現夢想，僅僅只有美好的願景是不行的，還需要抱有「強烈想實現理想的願望」。

稻盛和夫說：「若沒有強烈的願望，就看不到辦法，成功也就不會向我們靠近。首先需要有強烈的願望，這很重要。只有這樣，願望才能成為新的起點，才能推你走向成功。無論是誰，人生就如你內心描繪的一張藍圖，而願望就是一粒種子，是在人生這個庭院裡生根、發芽、開花、結果的最初，也是最重要的因素。」

當然，在我們樹立了夢想之後，還需要有實現它的強烈願望，我們必須迎著陽光實踐，而非成天只知道幻想。

人們所取得的成就大小通常會取決於一個人成功欲望的強烈程度。有的人會有一個明確的目標，並且朝著目標向前邁進；而有的人則是不斷跌倒，但是卻又堅強地爬了起來；還有的人只是在想「如果能夠那樣就好了」，還有的人則什麼事情都不會做，讓自己虛度每天的寶貴時間。

而稻盛和夫認為，這些都是由一個人所實現願望的強烈程度來決定的。稻盛和夫告訴我們：「如果擁有強烈的願望，並相信總會有實現的一

天，我們就可以突破困境，完成任務。」

在 1990 年代，許多參加奧運的運動員都接受過這樣一種特殊的訓練方式 —— 觀想訓練，也叫做「視覺化運動訓練」。也就是讓運動員和一些複雜的生物回饋連繫在一起，然後讓他們只在意識裡運動、比賽。因為他們在意識中賽跑的時候，肌肉就可以和在跑道上賽跑的時候按同樣的順序產生一種神經電衝動。

換句話說，你的意識不能分辨你是真的在賽跑還是只是在意識上進行著。因為，你的意識處在什麼樣的狀態，你的身體也就會同樣處於什麼樣的狀態。

強烈的願望會讓一個人反覆去思考同一件事情。透過鍥而不捨、反覆地思考，也就會感覺到成功的道路似乎自己好像已經走過一樣，而你所夢想的東西也會在思考中漸漸變得清晰起來。

假如你現在非常想擁有一輛汽車，那麼你就會經常去想你要擁有一輛汽車，這種強烈的願望就會漸漸深入到你的潛意識中去，然後你就會在大腦中反覆地進行模擬實驗，在心中想像自己在不久的將來能夠擁有汽車的可能性有多大，並將最好、最有效的辦法在實踐中得以驗證，這樣最終你就會擁有一輛汽車。

稻盛和夫認為為了把不可能變為可能，就要有近似於「發瘋」的強烈願望，堅信目標一定能夠實現並為之不斷努力、奮勇向前。無論是經營人生還是經營事業，這是達到目標的唯一方式。

其實，在現實中，從來不缺少有偉大的夢想但是卻不能夠堅持為之奮鬥的人，他們總是很容易就為自己找到了失敗的藉口，比如自己沒有經濟基礎，或者是自身先天條件太差，甚至說自己運氣不好。

可是實際上，一個人自身所處環境的好壞，是不足以影響其追求成功

的欲望的。因為稻盛和夫說過：「沒有人是環境的奴隸。」

　　有些人在追求目標的過程中，通常以社會環境或經濟條件不好作為理由而放棄。他們對環境研究得越深入，就越會打擊自己的信心，也就會認為自己的夢想更加難以實現，而且這樣的人往往都是不願去改變環境，因為他們根本就沒有強烈的要去改變命運的願望，而是寧願被環境所同化。

　　稻盛和夫告訴我們，如果打心底想要成就某事，我們的心就會努力地去幫助我們清除障礙，即使在睡夢中也不停歇。這也正是極大的努力與真正創造力的觸發點。反之，被環境奴役將只會看到情況不利的一面，其結果就是無法成功。只要擁有強烈的願望，就會想盡各種方法去解決問題；只要堅持不達目標絕不放棄，最終的成功一定屬於你。

　　我們可以想像一下，一個成功的企業家在創業之初的時候，他們對成功是懷有多麼強烈的渴望。

　　稻盛和夫在當初創業之初，即使是在下班之後，他也停止不了自己的這股渴望及熱情；哪怕是在街道上散步的時候，有的時候與願望相關的東西就會突然躍入眼簾，緊緊抓住稻盛和夫那顆澎湃的心；有的時候在擁擠的派對上，稻盛和夫可以從一端看到遠處的一個人，而那個人能讓他的夢想成真，也是他急於接觸的對象。

　　這些都是因為渴望而形成了幻影，這也是稻盛和夫人生當中的絕妙機會。正因為他隨時準備迎接成功的到來，那些通常藏在最不起眼的地方、只有強烈地感受到自己目標的人才能看得見的絕妙機會，就這樣被稻盛和夫發現了。

　　假如沒有強烈的願望，而只是用呆滯無神、漂浮不定的目光隨意找尋自己的目標，那麼，成功的機會一定會與稻盛和夫失之交臂的。

　　可見，堅持將夢想予以實現的強烈願望，不僅是我們追求成功的動

力，還會給我們帶來不畏艱難、開創事業的勇氣。因為它可以鍛鍊我們的意志，讓我們堅強到能夠克服所有困難和挫折，直到用高漲的熱情獲得成功。

讓夢想清晰而逼真地呈現在腦海裡

俗話說：「商場如戰場。」商業史上的大轉型非常容易讓置身其中的人產生恐懼感。

「不問聰明人，要問過來人。」稻盛和夫曾經一手締造了兩家世界 500 強企業，他並不屬於聰明人，國中、高中、大學的考試經常成績不及格。他原來的理想是當一個醫生，但是最後在其大學畢業之後只能在一個陶瓷廠工作。

當時這家工廠瀕臨倒閉發不出薪水，員工的士氣非常低落，經常出現工人罷工的情況，工人透過這樣的方式來宣洩不滿的情緒。

和稻盛和夫一起進入工廠的幾個大學生都先後辭職了，最後只剩下稻盛和夫自己。當時，他都吃住在實驗室，不斷地想，不斷地去思考，一次又一次地在自己的頭腦當中進行模擬推演，那些開始只出現在夢境裡的東西逐漸一點點變得清晰，最後夢境與現實的界限就完全消失了，難以想像的事情發生了，既沒有知識和技巧，又缺乏經驗和設備的稻盛和夫，居然搞出了世界領先的發明，正是這一發明，讓馬上就要面臨倒閉的工廠出現了生機。

自從 1959 年創立京瓷公司以來，稻盛和夫幾十年一直都是京瓷研發的帶頭人。他發現，一旦當自己發瘋似的投入到工作之中，對著某個目標有強烈的渴望，那麼就會在腦海裡形成一個意象，身邊的任何一個新的發生都會非常堅定地指向那個意向，這也讓稻盛和夫體會到了超越現實的想

像力和創造力產生的真實過程。他清楚地知道，追求盡善盡美的強度，決定了一個人和一個公司的前景。

　　稻盛和夫的體會，給了我們一個非常重要的啟示。當一個人對某一目標有著強烈的、持續的渴望的時候，透過苦苦思索的體悟，就可能在事先「清晰地看見」那個嶄新的結果。

　　換句話說，如果事先沒有清晰的意象，那麼就不會有嶄新的成果出現。這也是稻盛和夫在人生的各種經歷中體驗到的真實。

　　這聽起來好像是一種非常神祕的東西。但是對於稻盛和夫而言，他並沒有停留在靈感的頓悟之上，而是進行了繼續地深入覺知，在實踐中摸索出了一個創造力方程式：

創造力＝能力 × 熱情 × 思維方式

　　「能力」主要是指遺傳基因以及後天所學到的知識、經驗和技能；而「熱情」是指從事一件工作的時候所有的激情和渴望成功等因素；「思維方式」就是指對待工作的心態、精神狀態和價值偏好。而一個人和一個企業能夠取得多大成就，主要就是看這三個因素的乘積。

　　其中，能力和熱情，它們的取值範圍為 0 ～ 100。因為是乘法，所以即使有能力而缺乏工作熱情，這樣也是不會有好結果的；自知缺乏能力，而能夠以燃燒的激情對待人生和工作，最終就能夠取得比擁有先天資質的人更好的成果。

　　思維方式的取值範圍為正負 100。改變思維方式，也就是改變一個人的心智，人生和事業就會出現 180 度的大轉彎；有能力，有熱情，可是思維方式卻出現了方向性的錯誤，僅僅是這樣一點就會得到相反的結果。

　　這個成功方程式，是稻盛和夫在實踐過程中考察提拔幹部和選聘員工的標準。

　　稻盛和夫堅持從這個等式出發，在公司當中不用聰明人，不用一流的大學畢業生，更不會去用一些有資深背景的人。

　　在稻盛和夫看來，這些通常讓人們引以為傲的東西，恰恰是專注做事的潛在障礙。如果不能調動全身的感覺和能量潛身於細節之中，那麼就不會有持久的熱情和到位的思維。

　　稻盛和夫一再強調：「我希望人們銘記這個『神祕預言』，人生與心意一致，強烈的意念將以一定的現象表現出來。」

　　其實，這就是稻盛和夫為我們所詮釋的創造力：需要有極其敏銳的頭腦和極其柔軟的心，需要用神經、眼睛、身體、耳朵、嗓音感受、覺知並跟隨一刻接一刻的真實，才有可能抓住那個「神祕預言」。

▎成功要樂觀構想，縝密計畫，樂觀實行

　　開拓新的事業並讓它獲得成功的人，大多數都是天性樂觀的人，他們能夠開朗明快地描繪出自己的未來。

　　稻盛和夫說：「頭腦裡閃過這樣的念頭，按現在的情況實現的可能性不高，但要是拚命努力的話，一定能夠成功。那麼，做起來吧！」正是這種性情樂觀的人，才更容易接近成功。

　　其實，在頭腦聰明的人當中悲觀的人也是比較多的。這些頭腦敏銳，自以為非常有先見之明的人，似乎在事情實行之前就能夠判斷出成敗。所以，當和他們提到一些新的構想的時候，他們往往總是會做出消極否定的判斷：「這很難」、「實現可能性不大」。悲觀派雖然有一定的先見之明，但是他們的消極態度往往會抑制住專案的實行力和推進力。

　　而樂觀派正好相反，雖然看到前景中會有暗淡之處，但是他們卻有前進的動力。所以在專案構思和開始的階段，稻盛和夫總是會借用樂觀派的

力量，讓他們當一個帶頭人。但是，當這種構想一旦進入具體的計畫時，再全部委託樂觀派就會比較危險了。因為樂觀派的動力容易失控、陷入莽撞，出現衝動，最後誤入歧途。

這個時候就要穩妥的性格，謹慎、深思熟慮、對事物善於觀察的人當副手，能夠事先設想到所有的風險，慎重細緻地建立起實際的行動計畫。不過，如果是一味的謹慎也是不行的。

這些人在設想的困難和障礙面前，往往是鼓不起實施的勇氣，所以計畫一旦進入實行階段，又需要回到樂觀論，必須採取堅決果斷的行動。稻盛和夫認為：「樂觀構思、悲觀計畫、樂觀實行。」這就是向新課題發起挑戰最好的方法。

一個優秀的團隊或者企業必須要量身打造自己的奮鬥目標，如果從管理的角度看，又稱為戰略目標，比如個人的職業規劃，團隊的發展規劃，公司的戰略計畫等等，而目標制定之後，很多人都認為最重要的是執行。可是稻盛和夫卻在多年的工作中感悟到，最重要的並不僅僅是執行，而是目標執行細節的制定。

因為在目標的執行上，一般都是團隊執行的，所以執行效率的好壞與執行的指導思想密切相關，也就是執行的步伐和執行程式要相互統一，很多人在制定戰略的時候都比較大氣、規範，但是在編寫執行細節上總是會考慮欠佳，最後導致執行中偏差過大。一個正確的思想進行指導得出正確的結果，這樣的機率是非常大的，可是依靠一個錯誤的思想指導得出正確的結果是非常渺小的，所以，目標執行過程的制定一定要特別謹慎。

➤ **戰略目標**：即最終要實現的遠景。
➤ **戰略目標計畫**：配合戰略目標制定的遠期計畫。

➤ **執行目標**：將制定的戰略目標分步驟、分階段、具體化、可操作化而形成的小格局。

➤ **執行目標計畫**：根據各個執行目標，詳細的制定為實現執行目標具體實施的執行過程。

在戰略目標制定的過程當中，稻盛和夫認為應該提出一個可執行、可操作的戰略目標來。提出這樣可執行、可操作的目標之後，大家再科學的、合理的制定實現這個目標過程中的各個執行目標。在明確目標之後，制定實現目標的各個計畫，再進行權責到人，責任明確，獎懲明確，制度明確，具體去操作的執行計畫，這樣就能夠最終實現戰略目標。

稻盛和夫說：「制定目標非常重要，有計劃也很重要，但更重要的是如何去思考設計執行計畫的細節。」

▌人生隨心態的變化而變化

稻盛和夫說，人生的一條大原則是：人生是隨心態的變化而變化的。道理確實如此，你的心態就是你真正的主人。

你不能改變天氣，但你可以左右自己的心情；你不可以控制環境，但你可以調整自己的心態。

狄更斯（Dickens）說：「一個健全的心態比一百種智慧更有力量。」

這些話雖然短小，但卻蘊含大智慧。

心態也可以稱作精神狀態，一個人有什麼樣的精神狀態就會產生什麼樣的現狀，這是不可辯駁的。就像做生意，你投入的本錢越大，將來獲得的利潤也就越多。

生活中，一個好的心態，可以使你樂觀豁達；一個好的心態，可以使

你戰勝面臨的苦難；一個好的心態，可以使你淡泊名利，過上真正快樂的生活。人類幾千年的文明史告訴我們，正面的心態能幫助我們獲取健康、幸福和財富。

「同一件事，想開了就是天堂，想不開就是地獄。」人的煩惱多半來自於自私、貪婪，來自於妒忌、比較，來自於對自我的苛求。

托爾斯泰（Tolstoy）就曾說過：「大多數人想改變這個世界，但卻極少有人想改造自己。」

古人說「境由心造」，稻盛和夫也說，心相（心態）就是現實本身。這個道理可以從稻盛和夫的少年經歷中得出來。稻盛和夫中考考試失敗之後就染上了肺結核，在日本當時的科技水準來說，肺結核是不治之症。而且他的兩位叔叔和一位嬸嬸都是因為肺結核去世的。因此，他的家庭成員被稱為「肺結核家屬」。

小小的稻盛和夫當時特別害怕自己也吐血而死，於是整天情緒極度低落，躺在病床上，十分絕望。後來鄰居的大嬸看他可憐，送給他一本《生命的實相》的書，書中有這麼一句話：「在我們的心中有吸引災難的磁石，我們生病是因為我們擁有一顆吸引病菌的脆弱的心。」稻盛和夫讀到這裡時，小小的心靈不免一震。

也就是說，病是心的投影，人生中遭遇的一切都是由自己內心的磁石吸引而來，疾病也不例外，一切都不過是自己的心相在現實中原封不動的投影而已。

透過書中的那句話，稻盛和夫有所感悟。當時稻盛和夫的一位叔叔也患上了肺結核，他總是擔心被叔叔傳染上，因此每次經過叔叔的房間時，總是捏緊鼻子快速跑過。而稻盛和夫的父親和哥哥卻盡心盡力的照顧病人，並坦然處之。或許是上天懲罰稻盛和夫吧，別人什麼事都沒有，最終

他卻患上了肺結核。後來,稻盛和夫回想此事時說,一種企圖逃避的心態,一種消極恐懼的、脆弱的心態最終喚來了災難。

由於認識到了這一點,在當時無藥可救的情況下,稻盛和夫後來轉變了心態,並積極的配合治療,最終痊癒了。

人生如戲,每一個人都是自己人生的主角,也是主宰自己生命唯一的導演。轉變心態,笑看人生,才能擁有海闊天空的人生境界。人生不會太圓滿,擺正心態對苦甜。這也正是稻盛和夫所認可並推崇的。

播下一種心態,收獲一種性格;播下一種性格,收獲一種行為;播下一種行為,收獲一種命運。

如果你抱持正面的心態,就可以獲得快樂、幸福,就能改變自己的命運。樂觀豁達的人,能把平凡的日子變得富有情趣,能把沉重的生活變得輕鬆活潑,能把苦難的光陰變得甜美珍貴,能把煩瑣的事情變得簡單幹練。

人生的意義,不在於我們走了多少崎嶇的路,而在於我們從中感悟到了多少哲理。這些亙古常新的人間智慧將幫助我們認清真正的人生和享受人生的快樂。

▌衡量自己的能力要用「將來進行時」

在建立目標的時候,要設定「超過自己能力之上的指標」。這是稻盛和夫的主張。要設定現在自己「不能勝任」的有難度的目標,稻盛和夫說:「我要在未來某個時點實現這個目標,要下這樣的決心。」

然後,想方設法提高自己的能力,以便在「未來的這個時間點」實現既定的目標。如果只用自己現有的能力來判斷決定自己到底是「能做」還是「不能做」,那麼,就不可能挑戰新的事業,或者是實現更高的目標。

稻盛和夫說：「現在做不到的事，今後無論如何也要達成。」如果缺乏這種強烈的願望，那麼就無法開拓新的領域，無法達成更高的目標。

　　稻盛和夫經常用「能力要用將來進行時」這句話來表達這一觀點，而這句話也意味著「人具備無限的可能性」。也就是說：人的能力是存在無限伸展的可能性的。能夠堅信這一點，面向未來，描繪自己人生的理想，這其實也是稻盛和夫所要表達的意思。

　　可是，很多人在自己的工作和生活當中，總是很輕率地下結論說：「我不行，做不到。」這是因為他們僅僅是以自己現有的能力來判斷自己是「行」還是「不行」，這其實就錯了。因為人的能力在不久的將來一定會提高，也一定會進步。

　　而且當我們今天在做的工作，在你幾年前來看，也許你也會這樣想：「我不會做，我做不好，無法勝任。」可是到了今天，你是不是也會覺得這份工作做起來挺簡單的呢？原因就在於你已經駕輕就熟了。

　　稻盛和夫認為：人這種動物，在各個方面都會有進步。「神」就是這麼造人的，我們應該這麼思考：「因為我沒有學過，沒有知識、沒有技術，所以我不行。」說出這樣的話本身就是不對的，我們應該這樣去思考：因為我沒有學過，所以我現在沒有知識、沒有技術。但是，我有幹勁、有信心，所以明年或者以後我一定能行。而且就從這一瞬間開始，我們就應該努力學習，獲取知識，掌握技術，將來隱藏在我們身上的能力一定能開花結果，而且我們的能力也一定能夠不斷成長。

　　對人生總是抱著消極態度，認為自己的人生將來肯定會以碌碌無為的方式而告終，真正這樣去思考的年輕人並不多。但是，一旦遇到困難的問題或者挫折的時候，幾乎所有的人都會脫口而出說自己「不行」。

　　世界頂尖潛能大師安東尼‧羅賓（Anthony Robbins）在心靈革命的課

程中，為了證明人類的巨大潛能，曾經做過下面的實驗。

那是一種赤足從火上走過的課程，在整堂課裡面，所有的學員必須得面對火紅熾熱的木炭所鋪成的「火路」，然後大膽而勇敢地赤足走過。

這對於沒有那種過火經驗的人來說，這是極為駭人的場面，也許有的人會哭，也許有的人會叫，也許有的人會腿軟，也許有的人還會發抖，甚至有人會哀求不要去做這種「考驗」，但是，最終所有的學員還是得走過這條路，因為沒有經歷過這場考驗的人，是無法在隨後的課程中得到最大的效果。

對此，安東尼·羅賓說：「我們當中很少有人有過赤足過火的經驗，但是卻有不少人見過他人赤足過火的場面，特別是在寺廟的拜火祭典當中。當我們看見過火之人平安走過火堆之後，總是以為是神明在庇佑這些人，或者是有人預先在火堆中做了手腳，可是我們卻不知道，這種過火行為只要在妥善安排而不是使詐的情況下，每個人都能平安走過。」

根據美國一些科學家對過火過程的觀察與測試，發現不需要用跑，只要步行的速度夠快，便很不容易灼傷腳底。

因為每當腳掌在接觸火炭的一瞬間，便會立即釋放出汗水，形成一層絕緣體，在那層汗膜還沒有蒸發前如果提起腳掌，汗水便會吸收先前的熱量而化為蒸氣消逝，所以會讓腳掌絲毫不受傷。

可是由於大多數人不了解人體的神奇機能，總是以無知來接觸那些自己視為可怕的遭遇，便容易陷入畏縮不前的狀態中。結果，當那些學員在咬緊牙關平安走過火堆後，他們的觀念就發生了很大的改變，因為原先認為必然做不到的事，現在竟然輕易的實現了，而且對於自己來說毫髮無損，原來「任何的限制，都是從自己的內心開始的」。

很多年來，人人都認為要用不到 4 分鐘的時間跑完一英里的路程是不

可能的。而且生理學刊物上刊登的文章也證明，人類的體力無法達到這個極限。可是，羅傑‧貝尼斯特（Roger Bannister）卻於 1954 年打破了四分鐘的記錄。誰也沒想到，不到兩年時間，又有 10 位運動員打破了這項紀錄。

這些其實只能證明一個道理，人類的潛能能夠一個突破接著一個突破。客觀地說，到目前為止，人們對自身的潛能認識還是非常膚淺的。

稻盛和夫告誡我們，絕對不要說「自己不行」這種話。面對難題，首先要做的就是相信自己。

「現在也許不行，但是只要努力一定能行。」首先就是相信自己，然後必須對「自己解決問題的能力怎樣才能提高」進行一個具體而深入的思考。只有這樣，通向光明未來的大門才會為我們打開。

▍全力過好「今天」這一天

人生，人生，人有了生命，才有了人生；人生的長度是用時間來衡量的，而時間是由無數個今天組合而成的。虛度了今天，生命便會在時間的計程表上空白地跳過去一格，而這過往的一格是不可逆轉的。

從這一角度來說，生命的意義就在於能在每一個「今天」裡，都做出對人生有價值的事情。古往今來人們習慣把人生比作一張卷帙浩繁的答卷，每個人都在用自己的生活言行，在人生答卷上續寫著或優美或拙劣、或充實或空虛、或珍貴或輕賤、或輝煌或暗淡的文字。

稻盛和夫說：「夢想與現實之間巨大的落差常令人煩躁不安。然而，人生就是今天的不斷累積，就是「現在」這一刻的不斷延續，如此而已。此刻這一刻的累積就是一天，今天這一天的累積就是一週、一月、一年。當意識到的時候，我們已經登上了原以為高不可攀的山頂 —— 這就是我們人生的狀態。」

　　凡是熱愛生活、思維正常的人，都會極力地要把自己的人生答卷答得完滿，都會非常嚮往自己的人生能寫出瑰麗的華章和取得驕人的成績。做到這一點，完全取決於自己如何過好每一天。

　　人活著就要有效利用每一天，努力去做自己該做的事。屬於今天做的事情不要推到明天。本應弱冠時完成的學業，不要捱到中年再進行。許多事情往往一時差時時差，一步趕不上步步趕不上，差之毫釐，謬之千里！時間就是生命，浪費時間就等於浪費生命，荒廢時間就等於糟蹋生命。

　　如果不想在人世間空虛度過，有理想抱負也好，想平淡、平安地度過此生也罷，凡是想活得充實和有所價值的人，靈丹妙方只有一個，那就是認真踏實地過好每一天。

　　稻盛和夫說，不錯過今天，認真工作就能看清明天，明天再認真工作就是看清後面的一週，一週再認真工作，就能看清後面一月……就是說，即使你不去探索遙遠的將來，只要全神貫注於眼前的每一個瞬間，以前看不清楚的未來景象就會自然地呈現在你的眼前。

　　昨天已如風吹水波，消逝了就不可能再回來，不論懊悔還是憂傷，都已無濟於事。明天還沒有到來，還不屬於你，而且存在著很多變數，無論你怎樣憧憬、怎樣期待、怎樣夢幻，最終能否如願以償都還是未知數。只有今天，才是實在的、才是屬於你的，才是需要你好好經營與認真把握的。

　　生活是由「三天」組成的，即昨天、今天和明天。對於昨天，我們應該把它徹底埋葬，何苦讓昨天的煩惱來干擾我們今天的生活呢？對於明天，我們也不要為明天而憂慮，不要為還沒發生的事情而憂慮。而只有今天，才是真真切切的生活。我們絕不能讓對昨天和明天的憂慮，破壞今天寧靜的生活。

　　有一個人在一次清晨跑步時偶遇一老者，面容清雅，但眼神憂鬱。上

前與他搭話：「您老有 70 多了吧？」他笑了笑，說：「若是 70 就好了。」只見他伸出拇指彎成了一個勾，說：「90 了！」接著又重複了一句：「70 多歲時真好，我還能跟年輕後生們一起跑步鍛鍊呢！」

大多數的人也許都有這樣的弱點：總認為昨天比今天好。60 歲時，並未感到 60 歲的好處，到了 70 歲，才想到「若是 60，就好了」；70 時，並不以為 70 是佳境年華，只有到了耄耋之年，才不無感慨地說「若是 70 就好了。」以此類推，總是以為昨天比今天好。

我們都是活在「今天」的，活在「當下」的，因為當你說完一句話後，那句剛說完的話就已成了過去，成了歷史，所以，「當下」最好，「今天」最好。不要太多沉湎於昨天的回憶，無論是傷心的還是開心的；不要多撥打明天的算盤，無論是擔心，還是舒心。不管是 70、80 歲，還是 90、100 歲，都應抓住現在，過好今天。

「與其莫名其妙為明天而煩惱，與其冥思苦想去制定長遠的計畫，還不如全力過好今天這一天。這才是實現理想最切實的方法。」稻盛和夫說。

珍惜了今天，過好了今天，就得到了今天的人生成果，人生答卷就由此記下了燦爛的一頁。持之以恆地堅持過好「今天」，每個人的人生歷史都會鐫刻下值得回味、欣賞和自豪的碑刻！

▋持續地努力，夢想必將實現

全神貫注於一件事情，對工作努力不懈的人，能夠在日復一日的精進過程中鍛鍊自己的靈魂，同時也培養出具有深度的人格。

隨時帶著善念去發揮自己的能力，傾注自己的熱情，這樣就為人生帶來了豐碩的果實，也能夠把自己的人生帶向成功之路。

可見，人的所思所想是非常重要的，一定不能摻雜某些歹念。當一個

人想得到什麼東西的時候，那些抱持善念拚命努力的人，自然會有神明為他照亮前程，從「智慧寶庫」裡為他投射出一線光明。

稻盛和夫認為：「心有所想」本身就是一種潛在力量存在的證據，能讓願望成真。對於不具備上乘素養和能力的人，我倒認為問題出在他們沒有幹勁。

我們有的時候容易把事物想得太複雜了，可是事物的本質往往非常單純。引導人走向最正確道路的單純原理原則，我們其實可以說就是哲學。原理原則雖然是力量的根源，但是如果不能夠隨時保持警覺，那麼很可能一不小心就會忘記。

凡事只有加上知識，再加上經驗，才算得上是真正的「學會」，否則頂多只能算「知道」。

我們每一天都竭盡全力、拚命工作，這是企業經營中最重要的事情。想要擁有美好的人生，想要成功地經營企業，那麼前提條件就是要「付出不亞於任何人的努力」。如果不能夠做到這一點，那麼企業經營的成功，人生的成功，只能算得上是空中樓閣。

當然，或許今年不太景氣，但是不管哪個年代，不管是怎麼樣的不景氣，只要拚命工作，任何困難都是可以克服的。人們常說：「經營戰略最重要，經營戰術不可少。」可是稻盛和夫卻認為：除了拚命工作之外，不存在第二條通向成功之路。

在稻盛和夫 27 歲的時候，剛剛開始經營企業，並且成立了「京瓷」公司。當時，稻盛和夫連經營的「經」字都不認識，但是他的心裡只有一個念頭，不能讓公司倒閉，不能讓支持他、出錢幫助他的成立公司的人遭殃。所以，稻盛和夫只能拚命地工作，經常從清晨做到凌晨，也正是因為這樣的勤奮努力，才有了「京瓷」現今的輝煌。

　　稻盛和夫經常想起他的舅舅。戰後他的舅舅身無一文，於是做起了蔬菜生意。稻盛和夫舅舅的文化程度僅僅是小學畢業，不管是盛夏還是嚴冬，他每天都會拉著比他的身體大得多的大板車做買賣，被鄰居們嘲笑。

　　稻盛和夫的舅舅也不知道什麼是經營，如何去做買賣，更也不懂得會計，但是就是憑藉勤奮和辛勞，他的菜鋪規模越來越大，直到晚年他的經營一直都非常順利。

　　沒有學問，沒有能耐，但是正是這種埋頭苦幹給他帶來了豐碩的成果，也正是稻盛和夫舅舅的形象深深刻在了小時候稻盛和夫的心中。

　　那麼稻盛和夫為什麼強調要「拚命工作」呢？

　　他認為首先，自然界存在的前提，就是一切生命都拚命求生存。有的人一旦稍微有了點錢，公司剛剛有所起色，就打算偷懶，就想舒服，這種淺薄的想法其實是我們人類才有的。在自然界裡，這樣的生物是根本不存在的。

　　稻盛和夫曾經向許多人提問：「你是否在竭盡全力地工作？」「是的，我在努力工作。」而稻盛和夫對這樣的回答並不滿意！「你是否付出了不亞於任何人的努力？」如果你不更加認真、更加努力，就不會有理想的結果。

　　其次，只要喜歡你的工作，再努力也不覺其苦。拚命工作是一件非常辛苦的事情，辛苦的事情要一天天持續下去，而這必須有個條件，那就是讓自己喜歡上現在所從事的工作。

　　一個人有機會從事自己喜歡的工作，這當然是件好事，但是大多數人還並不會如此幸運。一般的人都是為了生計而從事某些工作。既然如此，就有必要做出努力，讓自己去喜愛自己所從事的工作。一旦當我們努力了，喜歡上了自己的工作，接下來的事情就好辦了。

　　第三，全力投入工作就會產生創意。當你每天都聚精會神、全身心投

入工作的時候，低效的、漫不經心的現象就會消失。不管是誰，只要喜歡上自己的工作，只要進入拚命努力的狀態，那麼他就會考慮如何把工作做得更好，也就會尋思更好的、更有效的工作方法。

在拚命工作的同時又能夠思考如何改進工作，那麼你的每一天都將會充滿創意。今天要比昨天好，明天會比今天好，這樣不斷琢磨，反覆思索，就會產生出好的想法，產生有益的啟迪。

稻盛和夫從來不認為自己有多大的能耐，但是在每天努力工作的同時，他總是會開動腦筋，孜孜以求，推敲更好的工作方法。比如說：為了增加銷售量，還有沒有更好的促銷方案呢？為了提高效率，還有沒有更好的生產方式呢？而正是這樣不斷鑽研的結果，往往會出現讓自己都意想不到的進展。

第四，拚命工作可以磨鍊靈魂。如果我們從早到晚都在辛勤勞作，那麼就沒有空閒。古話說：「小人閒居不為善」。人這種動物，一旦有了閒暇，就會產生一些不好的念頭，幹不好的事。但是如果忙忙碌碌、專注於工作，那麼自然就不會有非分之想，更沒有時間考慮多餘的東西了。

▌解決問題的關鍵就是關注「現場」

稻盛和夫說：「現場有神靈，答案永遠在現場。」

稻盛和夫並不是我們想像的聰明人，國中、高中、大學考試成績經常不及格。他原本想去做一名醫生，可是最後卻只能在一個陶瓷廠找到一份工作。

這家工廠瀕臨倒閉，發不出薪水，員工們士氣低落，經常以罷工來宣洩。而當時和稻盛和夫一起進入公司的 4 個大學生全部辭職了，可是稻盛和夫卻認為這是個機會：在這樣的環境下我做不成事，在別的環境中一定

也會一事無成。

於是他吃住在實驗室，有的時候，一個試驗花費了很長時間都不成功，這讓稻盛和夫很著急，於是就經常爬到爐頂上去掀開蓋子往爐子裡看。有的時候，他眼瞅著那個陶瓷在高溫下一點點彎曲起來，真的有一種恨不得跳進去，把那個陶瓷壓住，不讓它彎曲的衝動。而也正是在那一刹那，稻盛和夫頓悟了：應該想辦法搞一個東西在陶瓷上面壓著它，這樣它就不會變形了。

於是，稻盛和夫需要的產品就生產出來了，就是這樣不斷地想，不斷地思考，一次又一次地在頭腦中模擬推演，那些開始只出現在稻盛和夫夢境裡的東西逐漸清晰，最後夢境居然與現實的界限消失了，難以想像的事情發生了。那就是既無知識和技巧，又缺乏經驗和設備的稻盛和夫，卻搞出了世界領先的發明，一下子就給快要倒閉的工廠帶來了生機。

這段經歷對稻盛和夫來說，無疑有著難以磨滅的影響。稻盛和夫有的時候會反覆追問，「這是為什麼？為什麼不聰明、沒有背景、缺少累積的鄉下人，能夠在沒有資金、沒有設備、沒有累積的快要倒閉的工廠創造領先世界的奇蹟？」

而就在他一年又一年的不斷追問當中，稻盛和夫發現了一個極大的祕密，那就是現場有神靈，答案永遠在現場。

能夠挽救一個快要倒閉的公司，這不是老闆的戰略決策，也不是漂亮的團隊，而是那些能夠切入公司業務現場運作第一線的工人們。

稻盛和夫真正體會到了超越現實的想像力和創造力產生的真實過程。稻盛和夫也知道了追求盡善盡美的強度，決定了一個人和一個公司的前景。

可見，一旦一個人發瘋地投入工作當中，對某個目標有強烈的渴望，就能夠在腦海當中形成一個意象，身邊的任何一個新發生也都會堅定地指

向那個意向，這個時候，神靈就會給你一把照亮前進道路的火炬，而智慧之井也就會立即向你洞開。

其實，稻盛和夫的真正領悟給了我們一個非常重要的啟示：當對一個目標有著強烈的持續的渴望時，苦苦思索證悟，就可能在事先「清晰地看見」那個嶄新的結果。但是換句話說，如果事先沒有清晰的意象，那麼也就不會有嶄新的成果出現，這也是稻盛和夫從人生的各種經歷當中所體驗到的真實感受。

抓住事情核心，不放過任何細節

在稻盛和夫的理念中，他之所以注重細節，這是因為很多人都沒有注意到在細節當中也許會出現大的漏洞，也許會發現大問題，而不僅僅只是浪費時間這麼簡單。

我們只有做到注意細節，經營企業才能夠保證萬無一失，才能更好地發展。稻盛和夫說，「對於細小的事情，想方設法進行改良的人和沒有這樣做的人，從長遠看，將產生驚人的差距。在昨日努力的基礎上再稍加改良，今日要比昨日有進步，即使只有一小步。這種從不懈怠、堅持到底的態度，將終會與他們拉開巨大的差距。」

在稻盛和夫看來，要想提高能力，就必須透過與產品的密切接觸來進行實現，他說：「清理其中的每一個要素，而且用率真、謙虛的態度對細枝末節都重新進行調整、修改」。一個企業的產品品質低，就是因為這個企業的員工沒有親近產品，沒有在悉心地照料產品中聽見「產品的私語」。

稻盛和夫曾經說過：「若要判斷一個人的能力，可以看他是否能做好決定。」能做出正確決定的人通常是掌控了正確的形勢，而且具有敏銳的思維，非常注意細節，這樣就抓住了事情的核心。可是如果一個人要想擁

有這樣的敏銳度，那麼就必須做到全神貫注，並且是長久的、常年的專注心，而這就需要凡事必須注意細節，專注於每一件小事情。

細節是平凡的、具體的、零散的，也是最容易被人們忽視的，但是它的作用我們可不能小視。有些細節往往會改變事物的發展方向，讓人們的命運發生轉變。對我們個人來說，細節就體現著素養；對部門來說，細節其實代表著形象；而對於事業來說，細節則決定著成敗。

日本豐田公司的經驗也證明，透過細節的創新可以實現對整個企業的持續不斷的改善，從而獲得巨大的成效。

雖然每一個細節看上去都很小，但是只要是一個小的變化，一個小的改進，都可以創造出完全不同的產品和服務。如果說創新是一種「質變」的話，那麼這種「質變」經過細節的「量變」累積，就自然會達成更大的變革和創新。而且這種「質變」是簡單的，讓人一看就懂：「原來是這樣，我怎麼沒有想到。」

彼得‧杜拉克（Peter Ferdinand Drucker）曾經說過：「行之有效的創新在一開始可能並不起眼。」而這不起眼的細節，往往就會給我們帶來創新的靈感，從而能夠讓一件簡單的事物進行一次超常規的突破。

彼得‧杜拉克認為，創新不是那種浮誇的東西，它要做的只是某件具體的事。如果企業要真正達到推陳出新、革故鼎新的目的，就必須要做好「成也細節，敗也細節」的思想準備。不然的話，所謂的創新也只能夠是一句空話。

所以，創新不一定是「以大為美」，絕不能輕視企業活動中既不相同卻又相互關聯的每一個細節。

現今，不少公司在談到管理的時候往往都會大談制定了多少規章制度、有什麼工作流程、工作手冊有多麼全面等，但是他們卻往往忽視管理

的精髓，那就是管理對細節的量化。比如，我們經常在各種服務場合會看到某個單位掛出的一個標語——「微笑服務」。但是到底怎樣的笑才能夠算得上微笑呢？

沃爾瑪規定：面對顧客要常露微笑，後面寫的注釋是「露出八顆牙」，這其實就是量化細節，露出八顆牙就是真的在笑了。麥當勞對每一個流程都進行了量化的細節，連炸薯條、製作牛肉漢堡都會有非常詳細的規定。

稻盛和夫發現，很多人會找各種藉口說自己太忙了，沒時間去關注這些細節。其實，注意細節我們是完全可以在忙碌的生活中養成，在忙碌的生活中注意細節，認真關注，就會產生對事物高度的洞察力。

稻盛和夫說：「如果你每天練習，危機時才能做出正確的決定。而有這種專注和洞察力並能在瞬間做出抉擇的人，才是有真本事的人。」

我們更進一步地理解，就是只有注重細節，才能促使事業成功。只有關注細節，把握細節，才能掌握人生和命運。因為細節孕育成功。從某種意義上說，生活就是由一個又一個細節組成的，沒有細節就沒有生活。

▍人應該擁有一個「大得有點過頭」的夢想

稻盛和夫認為，要想讓思考力發揮作用，在人生和工作中獲取豐碩成果，首先必須描繪一個「大的理想」。

當我們說什麼要描繪夢想、懷抱大志，而且還應該熱切地期盼，有的人可能會不以為然。因為應付日常的生活已經夠嗆，哪有閒工夫再來談夢想，希望之類的空話。

但是，一個人只有靠自己的力量才能開創自己美好的人生。第一步，他就應該擁有一個「大得有點過頭」的夢想，擁有一個能夠超越自身實力的願望。

　　就拿稻盛和夫來說，把他拉到今天這個位置的原動力，就在於稻盛和夫年輕的時候抱有的遠大理想和崇高目標。

　　從京瓷創立開始，稻盛和夫就立志「要讓公司稱霸全球新型陶瓷業」。他也是不斷向員工們訴說著自己的志向。當然，在當時並沒有具體的戰略，也沒有確切的計畫，不過是一個「不自量力」的夢想而已。

　　但是每當在聯歡酒會，或者是其他的各種場合，稻盛和夫總是會反反覆覆、不遺餘力向員工們灌輸這一夢想，時間長了，在潛移默化中稻盛和夫的個人夢想就演變成了全體員工共同的理想，最後終於開花結果了。

　　無論夢想多麼遠大，缺乏強烈的意願自然是無法實現的。凡是內心殷切祈求的東西肯定是能到手的。稻盛和夫說：「思考、思考、再思考，直至把夢想滲透進潛意識 —— 而把夢想說出來，也是實現夢想的行為之一。」實際上，稻盛和夫他們也正是這樣去做的，結果一個超大的夢想幾乎完全變成了事實。

　　可見，夢想越大，離實現夢想的距離就會越遙遠。但是儘管如此，我們還是要把夢想實現時的情景，到達夢想的過程，能夠在頭腦當中反覆模擬演練，並且將它們具體化、形象化，以至能「看見」實現的過程和情景。

　　這樣，實現夢想的真實道路才會變得逐漸清晰起來。同時，在日常生活中我們也就能夠獲得多種啟示，幫助自己一步一步地接近夢想中的目標。

　　當我們在街頭漫步的時候，在喝茶放鬆的時候，甚至是在與朋友談笑之間，別人毫不留神的細枝末節，可能有的時候也會意外地給你帶來一個實現夢想的提示。

　　在現實中出現過這樣的情況，看見、聽說了同一件事情，有的人獲得

了重要的啟示，可是有人卻糊塗錯過了。而這兩者的區別就在於日常有無「問題意識」。

俗話說，看到蘋果落地的人不可勝數，但從中發現萬有引力的卻只有牛頓，正是因為牛頓具備了滲透進潛意識的強烈的「問題意識」，才能夠從中發現萬有引力。

不管年紀多大，我們都需要訴說夢想，描繪未來光明的前景。無夢之人是不會有創造和成功，他的人格也無法成長。因為一個人的人格只有在描繪夢想、鑽研創新、不懈努力之中才能得到磨鍊。從這個意義上來看，稻盛和夫的觀點就是，夢想和願望就是人生起飛的跳板。

稻盛和夫認為：想到就能辦到。當然，這個觀念不僅僅只是對工作而言，人生在世不管是做任何事情，都應該以理想狀態為目標，而且為了達到目標，必須進行「徹底思考直到看清楚為止」的過程。換句話說，必須持續具有強烈的念頭。

比如我們應該試著將合格標準設定在較高的水準，向前跨出一步努力去做，直到想法與現實完全合二為一為止。那麼這樣一來，就可以完成令人滿意的豐碩成果。

稻盛和夫說：「有趣的是，如果著手之前就可以在腦海中明確看到，最後的成品一定能達到理想程度。相反的，假如事前就難以想像，則成品也很難達到理想的水準。這是我從人生各種境遇中所體驗到的事實。」

在第二電電株式會社一開始投入手機事業的時候，就出現了相同的情況。當稻盛和夫說出「未來將邁入手機的時代」時，周圍的人不是感到滿腹狐疑，就是一口否定，不表示認同。

可是不管怎麼樣，稻盛和夫最後斬釘截鐵地說：「未來必將成為『隨時、隨地、任何人』都能以手機進行溝通的時代。而且不久的將來，不管

男女老少，每個人一出生就會開始擁有自己的電話號碼。」

　　可見，稻盛和夫心中正是有這樣一個「大的過頭」的想法，而且他「已經清楚看到了」。包括手機這項蘊含無限可能的產品，未來普及的速度與方式，以及在市場上的流通價位與尺寸大小等在內的很多情況，都已經在稻盛和夫的腦海中「清楚看到了」。

　　因此，只要是你能夠預先清楚想像到的事情，就一定可以成功。也就是說，看得到的就辦得到，想得到就能夠辦得的到，看不到、想不到的，自然也就做不到。所以，如果心中有所期望，那麼更為重要的是，你一定要抱著不成功便成仁的心態，讓這個念頭，讓這個「大得有點過頭」的想法更加強烈，提升為強烈的願望，直到你可以清楚地在眼前「看到」成功的景象為止。

第三章
單純是人生最大的原理原則

▌什麼是該做的事，什麼是不該做的事

現在的企業家非常多，但是真正擁有哲學頭腦的企業家卻很少，稻盛和夫則是一個例外，他能夠一身而二任，既是一位企業家，又是一位哲學家。

理想主義者很多，但是能夠將理想轉化為現實的人很少，可以說稻盛和夫是完美地結合了二者，既是一個理想主義者又是一個實幹家。

稻盛和夫 1932 年出生於日本鹿兒島市，1955 年畢業於鹿兒島大學應用化學專業，在 27 歲的時候就創辦京都陶瓷株式會社，也就是現在的「京瓷」公司，稻盛和夫與我們芸芸眾生一樣的平凡，也曾經因為自己的調皮搗蛋而受到父母訓斥，也曾經在升學考試中慘遭淘汰，也曾經因為得了肺結核病而擔憂絕望，也曾經在大學畢業後找不到工作而一度想投奔黑社會。稻盛和夫曾經成天抱怨「自己如此不走運。」

然而，他的命運自從 1959 年創辦京瓷之後就來了一個 180 度的大翻轉，並且從此一路凱歌，直至勝利巔峰。

在京瓷公司成立的第一年就實現了贏利，在之後的 50 年時間裡更是年年贏利，從未有過虧損。

在稻盛和夫 52 歲的時候，他創辦 KDDI（日本第二大通訊公司），這兩家公司都曾經入選《財富》世界 500 強企業。在 2010 年，78 歲的稻盛和夫又臨危受命，以零薪資、不帶一兵一卒接掌了日航 CEO 的帥印。

那麼，到底是什麼造就了稻盛和夫身上的成功和奇蹟？對於這一問題，稻盛和夫的回答很簡單：無他，不過是在做任何經營決策時，都依據了「作為人，何為正確」的判斷原則。

原來，稻盛和夫自幼受到中國傳統的儒家、佛家、道家思想的影響，稻盛和夫的思想體系中具有深厚的東方文化特點。稻盛和夫反覆提及了幾

個主張：「敬天愛人」、「自利利他」、「動機至善、私心了無」，而這些都是源自於中國古代的智慧寶庫。

稻盛和夫的經營實踐也同樣具有濃厚的東方特色，他的一些做法與西方管理的界限是截然相反的。比如，與制度相比，稻盛和夫更重視人心；與物質激勵相比，他更加重視精神獎勵；與股東的利益相比，稻盛和夫更重視員工利益；與才能相比，他更重視人的品行。

不論是在生活中，還是在企業經營中，稻盛和夫都可以宣導和秉承利他的原則，他選擇了一條幾乎沒有人走的路，最後以他的實踐證明了：利他行為具有強大的力量，利他即是利己，這條利他之路在競爭殘酷而激烈的商業社會是行得通的。

現今，我們很多人都有這樣一種傾向，將事物考慮得過於複雜。但是，事物的本質其實是非常簡單的，剛一看起來很複雜的事物，其實不過是若干簡單事物的組合。

當年稻盛和夫在創建京瓷的時候，對於企業經營，缺乏管理知識和經驗，然而，企業裡各種問題，很多需要他做決定的事情卻接踵而來，稻盛和夫是負責人，每個問題、每個事項，如何應對，如何解決，最終決定必須由他來做，行銷的事情，財務的事情，即使他自己不懂的事情，也必須迅速做出判斷。

那麼到底怎麼辦呢？什麼事情該做，什麼事情不該做呢？稻盛和夫左思右想，他想到了「原理原則」。所謂「原理原則」，用極其單純的一句話表達，就是「作為人，何為正確」。 因為經營企業也是人做的，以人為物件的一種活動，所以在經營活動當中，什麼是該做的事，什麼是不該做的事，這種判斷也是不能夠偏離作為人最基本、最起碼的道德規範。人生也好，經營也好，說到底是非常簡單的，只要遵守這單純的原理原則，就

不會犯大錯誤。

越是錯綜複雜的問題，就越是要回到原點，根據單純的原則進行判斷。把經營原則簡化，這是稻盛和夫的信條。

稻盛和夫相信「人之初，性本善」。但是人又是很脆弱的，很容易敗給自己的私欲，敗給周圍的環境，追求虛榮，不知不覺中就做起了違背人道的事情。也正是因為如此，稻盛和夫反覆強調，人在感覺迷惑的時候，需要一個判斷的基準，這就是哲學。

特別是對於雇用很多員工、肩負重任的經營者來說，必須抱有以高度倫理觀為基礎的經營哲學，在嚴格律己的同時，也要讓員工接受並共同實踐這種哲學。

為了使事業取得成功，為了使組織正確地發揮職能，領導者自身持有的「思維方式」最為重要。經營者以普遍的「思維方式」和高尚的經營哲學來經營企業，這一點在持續地拓展事業、保持企業繁榮的進程中是非常重要的。

假如經營當中沒有明確的哲學，那麼企業就只會片面地追求利潤的成長，在經營過程中只會片面追求合理性和效率。這樣一來，企業內就會逐漸形成一種「只要賺錢就行」的壞風氣，就會出現用不正當手段賺錢的員工和主管。

哪怕這種不正當的行為出現一絲一毫，聽之任之的話，那麼公司的道德風氣就會很快的墮落。而在充滿著墮落氣氛的組織裡，正直的人也漸漸就會失去認真工作的積極性。公司的風氣也將遭到急劇地破壞，業績也會隨之惡化。

▎人生的結果取決於是否有正確的判斷基準

稻盛和夫一生著作頗豐，設立了盛和塾，登堂講學，但是他顯然不是那種在學院和書齋裡精心構造理論體系的哲學家，稻盛和夫的哲學觀點主要還是來自於他的艱辛而豐富的人生經驗，闡述自己經營哲學的著述，也主要是採取「經驗談」的方式。但是，稻盛和夫的經驗之所以稱得上是經營哲學，而不同於一般的生意經，其實根本原因就在於，稻盛和夫經營企業，始終不忘記對人、對人生的關懷，更不忘記對人生根本意義的探究。

稻盛和夫一直以來特別強調價值觀對於企業經營的重要作用，作為企業經營者的稻盛和夫曾經向員工提出了「何為正確的做人準則」以及「何為善、何為惡？」這些問題，並且以此作為判斷基準來開展經營。

「正與邪」、「善與惡」這是最基本的道德標準，之後又從中引申出來的正義、公正、公平、勤奮、謙虛、正直和博愛等最基本的倫理觀。

其實做企業就是做人，就是要遵循這些非常基本的做人道理，這些看起來簡單通俗的道理，要想在一生當中始終如一地貫徹執行，是需要我們付出巨大努力的。也正是用這樣基於人類最基本的倫理觀和道德觀標準來開展經營，稻盛和夫才取得了人生和事業的巨大成功。

在過去的 50 年時間裡，稻盛和夫所創辦的京瓷沒有出現過一次虧損。即使是面對很多次的金融危機，京瓷公司也還是沒有虧損。這些事實都可以證明，稻盛和夫「敬天愛人」的經營哲學以及由此衍生出來的「利他競爭力」具有所向披靡的威力。曾經在京瓷和 KDDI 創造奇蹟的稻盛和夫，正在以重振日航的成功向世人昭示其經營哲學的普適價值。

稻盛先生說過：「我到現在所搞的經營，是『以心為本』的經營。換句話說，我的經營就是圍繞著怎樣在企業內建立一種牢固的、相互信任的

人與人之間的關係這麼一個中心點進行的。」

　　在京瓷公司創立之初，由於缺少資金，沒有信譽和業績，依靠的就是一點點技術和相互信賴的二十八名員工。稻盛和夫認為，雖然沒有比人心更容易變、更不可靠的東西，但是一旦建立起來牢固的信賴關係，那麼也是沒有比人心更加可靠的東西。

　　在稻盛和夫看來，公司營運的第一目標不是為了股東的利潤，也不是為了客戶的利益，而是為了公司員工和家屬的幸福。稻盛和夫堅信，一個公司無論規模多麼強大，只要建立起員工心有所屬的平臺，那麼就可以釋放全體員工的地頭力，這樣的公司也才可能擁有持續的競爭力。

　　正是依靠著這些堅實而又緊密相連的心性基礎，依靠著這一簡單而執著的經營理念，稻盛和夫才成就了今天的京瓷。「以心為本」的經營哲學歸根結底就是在企業當中要形成強大的凝聚力，公司成員不再是受支配的雇員，而是具有主人翁意識的共同創造者。

　　而一個組織要想取得持續健康的發展，就必須秉承一套正確的信念或者價值觀，並且能夠恪守不變。一個成功組織的背後必然有優秀的組織文化進行支撐，也必須借助組織文化來形成自身的核心競爭力。

　　而對於我們現在很多企業來說，就可以汲取稻盛和夫的哲學精髓，在企業的系統內塑造核心價值觀，並以之為主導形成組織的價值觀體系，同時透過管理體系和制度的建立，使之成為組織成員共同遵循的價值觀，從而打造出企業的優秀的組織文化。

　　除了企業之外，一個人也是一樣，一個人為什麼要工作？在一般人看來，工作就是為了吃飯生活。但是稻盛和夫卻用平實的語言告訴我們，工作不僅僅是謀生的手段，其真正的意義在於磨鍊靈魂，提升心志。只有透

過長時間不懈的工作，磨礪了自己的心志，才能夠具備厚重的人格，從而在生活中沉穩而不搖擺。所以，工作是人生最尊貴、最重要、最有價值的行為，努力工作的彼岸就是美好的人生。

在現實生活中，我們可能經常因為工作中的枯燥所煩悶，因為事業當中的瓶頸而困擾，陷入迷茫，失去方向。而在稻盛和夫看來，首先就應該改變心態，要用自己堅強的意志去喜歡上所從事的工作，熱愛自己的工作，痴迷自己的工作，一定要把工作當成自己的愛人一樣去呵護。

換句話說，即使做不到迅速熱愛自己的工作，但是至少「厭惡工作」這種負面情緒必須從心中排除，並且用內心格鬥的氣魄，以積極的態度認真面對自己的工作，從而傾注全力做好眼前的工作。我們一定要在工作中尋找樂趣、發現樂趣，最終真正愛上自己的工作。這也是稻盛和夫不可動搖的「信念」，也是他被實踐所證明了的正確的「工作哲學」。

那麼，我們如何才能取得完美的工作業績呢？稻盛和夫告訴我們，要以「高目標」為動力，持續付出不亞於任何人的努力。不但要有「用百米賽跑的速度參加馬拉松」的危機意識，而且要有面對困難和挫折時百折不撓，一往無前的勇氣。要相信持續的力量能將「平凡」變為「非凡」。

而在談到工作的方式方法時，稻盛和夫指出，細節最重要，要抓住一切機會磨鍊自己的工作「敏銳度」，因為最出色的工作是產生於「完美主義」而不是「最佳」。

任何工作都不是一蹴而就的，它是由每天一點點的進步與累積而形成的，哪怕這一點點是微不足道的，但只要做到每天都在進步，長期累積下來，就可以孕育巨大的變化。

▌勇敢地選擇「不圓滑」、「不得要領」的生存方式

稻盛和夫說：「挑戰和創新都是相當動人的字眼，但卻會帶來或隨之而來的無法想像的超負荷工作。而這些，都需要耐心和勇氣。」勇於接受挑戰，在逆境中做到不消極，不自怨自艾，而是將挫折視為進一步的堅定志向的契機，無畏地迎難而上。不屈不撓，透過人生的幾番歷練，才能成就大志。

稻盛和夫曾經回憶道，因為京瓷公司長期以來都與美國半導體產業進產業務來往，為他們開發 IC 封裝，所以對半導體性能的提升以及體積小型化在很早之前就有了強烈的預感。因此，稻盛和夫斷定，以這樣的速度發展下去，小型行動電話很快就會問世。而且稻盛和夫將自己有意參與移動通訊事業的決心透露給了董事會，結果當時只有一個人回應。可是稻盛和夫仍然堅守自己的意見，最後說服了董事們，申請獲批，參與到其中。

在事情一開始，稻盛和夫並沒有得到非常好的業務拓展空間，而且董事們認為稻盛和夫拿到的只是邊緣角色，所以成功的希望非常渺茫，甚至有一些董事挖苦說：「把包子最好吃的餡給別人，自己光吃包子皮，還吃得有滋有味。」

但是稻盛和夫卻回應說：「說的不錯。但就是只吃皮，也不至於死吧，讓我們全力以赴，把這皮變為黃金之皮。」因為稻盛和夫相信經過自己的不斷努力，第二電電株式會社一定會興起。

就這樣，稻盛和夫帶著這種必勝的信念，他說服了大家。後來第二電電株會社創辦的關西蜂窩株式會社等移動通訊企業努力開展業務，在新的企業當中一路領先。而且公司在後期不斷地發展壯大之後，成為了能夠與 NTT 一爭高下的強大競爭對手。

　　稻盛和夫說：「在開創新事業時，每個人都會遇見暗藏的險惡與困難。要成功，你必須告訴自己，這是免不了的。」所以，我們應該將困難看成是磨鍊心志的機會。

　　同時，還要以勇氣作為後盾來經受長期的折磨。稻盛和夫說：「只有在心理上已經做了充分準備的人，才能持續地挑戰自我，在經營管理上開展創新的變革。」

　　在 2010 年 1 月 19 日，日本航空公司申請破產，當時的負債總額高達 2 萬億日元。以西松遙社長為首的經營班子在申請破產之後就宣告辭職。後來在鳩山首相托人請稻盛和夫出山的時候，稻盛和夫也猶豫了很長時間，畢竟覺得自己年事已高，擔心自己管理這個大攤子會力不從心。

　　後來，在稻盛和夫冥思之後，於 1 月 13 日晚與和鳩山首相進行了會談，稻盛和夫最後答應出任日本航空公司的 CEO。就這樣，稻盛和夫開始著手組建新的領導團隊，以便對破產的日本航空公司實行重組。

　　當時在首相官邸，稻盛和夫曾經對記者們慷慨激昂地說了一段話：「如果日本航空公司徹底破產，日本的經濟將會更加糟糕，因此必須阻止日本航空公司徹底破產，協調各方面力量，儘快使日本航空公司度過難關，獲得重生。」

　　接著，稻盛和夫還說道：「對於交通運輸業來說，我是一個徹頭徹尾的『門外漢』。」當然，他的這種說法應該是謙遜的表現，首先稻盛和夫有一套自己的經營理念，為此他還建立了兩大躋身世界 500 強的公司，這也與稻盛和夫有著不可小覷的堅忍和毅力分不開的。

　　稻盛和夫說：「失敗者遇見了一堵牆，就認為一定過不了，這是常識。換言之，他們盡力了，但還是有所限制。碰到了牆，就以常理來為自己找藉口而放棄。」要想獲得成功，即使是看來不可能完成的工作，我們

也應該堅持下去，要有不成功絕不放棄的毅力。我們必須祛除心中的「定見」。拋開任何可能限制我們進步的、先入為主的觀念吧，這樣我們才能得以突破最後一道防線，邁向成功。

稻盛和夫說：「不管條件多差，不管碰到什麼困難，都必須全力以赴，可以說，這是我們在這個世界上生存的前提。」

或許有人會問你，成功的機率有多大？也許你答不上來，沒關係。在創造的世界裡，統計數字不足以代表什麼。

其實最重要的是挑戰困難的勇氣與毅力。所以，只要自己有接受挑戰的勇氣，那麼就會有成功的希望。

稻盛和夫一直以來都堅信：只要戰勝自己，就能克服其他的障礙，取得卓越的成果。由於我們每個人都有好逸惡勞的傾向，因此會主動激勵自己，雖然說不斷克服苦難向前進是一件難事，但是，在獲得成功的時候，內心的喜悅還是難以形容的。

也正是因為稻盛和夫挑戰困難的信心與勇氣，才讓公司的整體有著堅韌不拔的意志，也就有收獲一次又一次更大成功的機緣。

稻盛和夫說過：「誰也不是想著自己生來就擁有什麼能力就能擁有的，即使有能力，如果生不逢時也是不行的。我現在能夠成為社長也不是命中注定的。即使有能力，如果把靠使用這種能力獲得的東西據為己有，我認為這是非常惡劣的。」

有的人之所以能夠成功，而有的人無法成功，其兩者的差別就在於是否有堅韌性和忍耐力，並不是所謂的責任感、誠意、熱情等，其根源在於沒有成功的人士在遇到困難的時候，就會停滯不前，給自己找到各式各樣的藉口，認為困難是無法突破的，從而也就失去了繼續前進的動力。

之所以會這樣，就是因為在他們頭腦當中的既定思維限制了他們繼續

思考如何突破困難的方法。如果堅持下去，一步步突破壁障，能夠把困難踩在腳下，那麼最終一定能夠登上花開滿山的頂峰。

正如稻盛和夫所言：「應當堅信，只要認真地努力向前，肯定會有好結果，應當保持心情舒暢，滿懷信心，大步向前。」

在微不足道的小事上貫徹落實原理原則

稻盛和夫說過：「對看似高不可攀的目標，毫不畏縮，傾注極大熱情，一心一意地鑽研，這使得我們自身的能力得到驚人的提高，或者說讓沉睡中的巨大潛能迸發出來。」

所以，哪怕是無能為力的事，那也只是現在的自己無能為力，將來的自己一定能行，用「將來進行時」考慮是非常重要的，應該相信自己還有潛能，等待機會喚醒、迸發出來。

在稻盛和夫經營的企業時候，他接受了大大超出當時他們現有技術水準的工作，就這個意義來講，我們也可以說稻盛和夫當時是過於魯莽的。

但是這也是稻盛和夫慣用的手段。從創業初期開始，他就經常承擔一些大型廠家因為困難而拒絕的專案。而現實是如果你不這樣去做，那麼作為一家沒有業績的新興中小企業，你是根本無法拿到專案的。

稻盛和夫說，當時很多大型企業拒絕的高技術水準專案我們沒有指望做成。但是，我絕對不說「我做不到」，也不含糊其詞地說「也許可以」，而是鼓起勇氣斷言「我能行」，把這個困難的專案承攬下來。每一次我的部下都不知所措，畏縮不前。

但是這個時候，稻盛和夫總是認為「我們一定能成」。而且，稻盛和夫給部下出主意讓他們如何去做，並且還飽含熱情地告訴他們如果該專案成功的話，將會給公司帶來多大的好處，於是所有相關人員就產生了飽滿

的熱情，努力接受挑戰。

　　儘管如此，可是事情還不是這麼簡單，每一次面對困難的時候，稻盛和夫都會激勵大家：「所謂已經不行了，已經無能為力了，只不過是過程中的事。竭盡全力直到極限就一定能成功。」

　　雖然說，在承攬難以實現的專案的時候，確實存在撒謊的嫌疑。但是，從不可能的地點開始，拚命地堅持去做，直到最後神靈伸手援助，一旦完成，就能產生真實的業績。所以，稻盛和夫一而再、再而三把不可能變為可能。換句話，稻盛和夫總是以「將來進行時」來思考自己的能力所能從事的工作。

　　遺傳基因學的權威代表人物，築波大學名譽教授村上和雄先生對「火災現場異常的力量」進行了言簡意賅地解說：人們在極限狀況下迸發的力量為什麼在平常狀態下卻「休眠」呢？那是因為這種遺傳基因的功能通常都處在關閉狀態，這個開關一旦變成開啟狀態，那麼平時也能發揮超常的能量。

　　顯而易見地，當潛在的能力變成開啟狀態的狀態的時候，正面想法或積極思維等積極向前的精神狀態或心性就會發揮很大作用。思想的力量就能夠讓我們的潛能無限擴大，這已經在遺傳基因層次上得到了證明。

　　那麼，多麼重大的事情對人類來說是可能的呢？人們在頭腦中希望這樣，希望那樣，據說從遺傳基因角度來看，這些願望當中的大多數都在可實現的範圍之內。總之，我們每個人的頭腦中都潛在有「願望必定能夠實現」的能力。

　　但是，樹立崇高理想也是至關重要的，為了實現理想，朝著目標一步一步地邁進，勤奮努力當然是不可或缺的。

　　原來早在京瓷公司還是鄉村工廠的時候，稻盛和夫就反覆多次對當時不滿百人的職工拋下「豪言壯語」：這個公司一定能成為世界一流公司。

儘管當時這還是一個遙遠的夢想，但是稻盛和夫內心有這種強烈的願望，就是渴望實現夢想並證明給大家看。

可是，無論眼界多高，也必須腳踏實地。無論夢想和願望是多麼高遠，現實中的每一天都要竭盡全力、踏實重複簡單的工作。為了繼續昨日的工作，所以我們不得不揮灑汗水，一毫米、一釐米地前進，把橫在眼前的問題一個個解決掉，時間也就是在這樣看似微不足道的過程中度過了。

而每天重複同樣的工作，哪年哪月才能成為世界一流公司呢？

在夢想與現實的巨大落差中，稻盛和夫也屢受打擊。但是人生只能是「每一天」的累積與「現在」的連續。

即使你的目標是短視的，或者是功利的，但是，如果不過完今天這一天的話，那麼明天就不會到來。到達心中嚮往的地點，是沒有任何捷徑的。「千里之行，始於足下」。無論多麼偉大的夢想都是一步一步、一天一天累積起來的，只有這樣，最終才能夠實現。

所以，我們千萬不要把今天不當回事，如果認真、充實地度過今天，那麼明天就會自然而然地呈現在眼前了。如果認真地度過明日，這樣就可以看見一週。如果認真地度過一週那麼就可以看見一個月，如此反覆下去。

即使不考慮以後的事，我們也應該全力以赴過好現在的每一個瞬間，先前還沒能看見的未來，也就自然而然地可以看見了。

而稻盛和夫也正如烏龜踱步，每一天都是腳踏實地的不斷累積，就這樣在不知不覺當中，公司一點點地也壯大起來，隨即也取得了今天的這些成就。

所以稻盛和夫說道：與其徒然為明日煩惱、孜孜不倦地計畫未來，不如首先傾注全力充實每一個今天。這才是實現夢想的最佳有效途徑。

▍人生成功的方程式＝思維 × 熱情 × 能力

人生應該怎樣才能過得更好呢？怎樣才能夠品嘗到幸福的果實呢？稻盛和夫就是用這樣的方程式來解答這一問題的：

人生的結果＝思維方式 × 熱情 × 能力

換句話說，人生和工作的成果也就是這三個要素相乘的結果，而絕對不是相加。這裡所說的能力我們完全可以理解為才能和智慧，也就是與生俱來的資質。而熱情即是熱誠的心，也可以說是做一件事情的態度。

稻盛和夫將這兩個要素都給予 0 ～ 100 之間的分數，而這兩個要素相乘的意思也就是說即使有能力，但是沒有做事的熱情，那麼這也不會有好結果的。

稻盛和夫說：「假設一個人的頭腦絕佳，能力有 90 分的水準，可是卻恃才傲物不肯努力，只發揮了 30 分的熱情。那麼，兩者相乘的結果只有 2700 分。但如果一個人頭腦平庸，只有 60 分的能力，但他能認清事實，並能勤能補拙，拿出 90 分以上的熱情去工作，這樣相乘結果就是 5400 分。與前相比，有一股為人生、事業奉獻到底的熱情就會得到比先天能力強的人更好的結果。」

稻盛和夫他在自己的國中升學考試中失敗，大學升學考試也落榜，也沒有進入一家好的企業，也許他的能力並不強。但是稻盛和夫能夠做到竭盡全力付出，不管是不是能力的問題，他都付出全部熱情，他的想法是不能在熱情方面輸給別人，因為他會用這樣的方式來彌補自己的不足。

什麼是思維方式，指的就是人生姿態、人的志向、思想等，在稻盛和夫眼中，思維方式顯得特別重要。因為它具有「方向性」。既有可能是正數，也有很大的機率是負數。這個思維方式就不僅僅是在 1 ～ 100 之間，

也可以拉大到正負 100 之間。

稻盛和夫曾經以此來假設一個人有足夠的能力與熱情，但是思維方式出現偏差，就會起到反作用。

如果思維方式是負數，那麼即使是 100 分的熱情與能力，一旦與思維方式相乘也只有可能是負數。在經營中，稻盛和夫說：「經營高手們即使傾其熱情於欺詐、鑽漏洞等的『工作』上，由於思維方式落入負的方向，再怎麼樣也不會得到好結果。」人也會變得懶惰、傲慢、自私、嫉妒別人等，這樣任何事情都不會成功，也更不會得到他人的幫助。

成功方程式的真正寓意就在於說明人生的成敗是由自己掌控的，我們自己的心態、想法、幹勁決定了自己能否成功。

稻盛和夫說：「擁有正確的思考方式，再加上不懈的努力，命運之門就會開啟。」這樣的道理，我們是非常容易理解的，一旦要在實踐中貫徹，就非常困難。

現今，社會當中的職業很多，與之對應的思維方式種類也非常多，所以很難概括地說什麼樣的思維方式是對的，什麼樣的思維方式是優秀的。

曾經有一個德國管理學家講過一個故事：說一個人看見三個泥瓦匠在幹活，於是他就問他們在做什麼，結果他得到了三個回答。

第一個人說：「我在砌磚頭。」第二個人挺起身，非常自豪地說：「我是全國最好的泥瓦匠！」而第三個人說：「我在蓋大教堂。」

其實，他們三個人的回答正好代表了企業當中三種人的心態。

➤ 第一種人是賺薪水養家糊口的人，在我們的身邊充斥著很多這樣的人。

➤ 第二種人是比較麻煩的一種，因為他們往往在自己的專業領域裡面非常優秀，但是關鍵在於他們總是陶醉於自己的領域，拒絕考慮自己不

熟悉的領域，從而容易造成狂妄自大，而其實又非常虛弱，非常難合作。

➤ 第三種人，他能夠準確知道自己工作的最終意義，從而將自己的勞動有機地結合到其他人的勞動中去，實現自己的輝煌目標，這樣的人才是企業最為珍貴的人才。

　　其實每一個剛剛進入社會的人，都應該在企業中學做第三個泥瓦匠，站在部門、企業的高度上去看問題。因為我們要知道，看問題的高度往往會決定我們的層次。

　　如果一個技術人員只關心自己開發產品的各項技術指標，那麼他也只能做點技術開發的實務工作；而他一旦能夠開始考慮這個產品能給公司帶來多少利潤、能否與公司其他產品形成一個良好體系、對公司的長遠發展能有什麼貢獻、公司設備與工人生產技能配套問題如何解決等問題的時候，他就站到了一個公司高層管理人員的高度了。

　　所以，我們要以正確的思維方式對待每一件事情，稻盛和夫說：「必須把思維方式發揮在正確的方向，否則任憑有天大的本事，滿腔熱情，很可能不只是浪費人才而已，還反過來會危害整個社會。」當然，這也需要有積極向上、與人為善、心懷感恩之心。

　　特別是因為這幾個因素都是一種相乘的關係，所以，態度和努力也顯得尤為重要。換句話說，即使是平凡人，只要辛勤努力，並且懷抱著正確的態度和追求成功的熱情，或許會比有才華的人成就更大。

　　稻盛和夫在自己想出了這個方程式之後，他就經常將其展示給員工，向他們說明「思維方式是何等的重要，思維方式決定了人生和工作的結果」。同時，稻盛和夫也以此鞭策自己，力求使方程式的數值最大化。

不流汗，什麼都學不到

有句話叫「體驗重於知識」，這其實是一條人生重要的原理原則。換句話說，「知」未必等於「會」，我們千萬不要認為只要「知」就是「會」了。

稻盛和夫所進行的新型陶瓷的合成也是如此，這種原料與那種原料混合，在什麼溫度下燒結，就能燒製出什麼樣的製品，當然這些知識只要讀書就是能夠明白的，但是按照這樣的理論去做，卻不一定能夠得到你想要的結果。因為只有在現場反覆實驗的過程中才能夠逐漸掌握其中的要領。做任何事情都需要知識加上經驗才算真正的「會」，在這之前我們只不過是「知」而已。

當我們進入資訊社會，進入偏重知識的時代，現在認為「只要知道就自然會了」的人越來越多了，這種想法簡直是大錯特錯。「會」和「知」中間還有一條鴻溝，只有靠現場的經驗才能夠填補。

稻盛和夫回憶說，在公司誕生不久，他就去參加一個經營研討會。當時的講師中有本田技研工業的創始人本田宗一郎的大名，於是稻盛和夫很想聽一聽這位著名企業家的高見。

這次研討會借用的是一家溫泉旅館，召開了三天兩夜，每位人員的參會費達數萬日元，這在當時是一筆不小的數目。稻盛和夫不管什麼，就是想見見本田宗一郎先生，聽聽他的講話，最後他不顧周圍朋友的反對去參加了。

當天，參會者進入溫泉，換好了浴衣，在一個大房間裡面坐下，等待本田宗一郎先生的到來。不一會兒，本田宗一郎先生露面了，他是直接從濱松工廠趕過來的，身上穿著油漬斑斑的工作服，可是一開口，就給了當

場所有人一個下馬威：「各位，你們究竟是幹什麼來的？據說都是來學習企業經營的。如果有這樣的閒工夫，還不如趕快回公司幹活去。你們泡泡溫泉，吃吃喝喝，怎麼能夠學什麼經營呢。你們看我，就是最好的證據，我沒向任何人學過經營，我這樣的人不也照樣能夠經營企業嗎？所以，你們該做的事情只有一件，立刻回公司上班去！」

本田宗一郎用他那種非常爽朗的聲音把大家訓斥了一通之後，接著又挖苦道：「你們花了這麼高的參會費用，這樣的傻瓜真的到哪裡去找啊？」眾人聽完之後都默不作聲，因為本田宗一郎講得太對了！看到本田宗一郎這樣的光景，稻盛和夫更加為他的魅力所傾倒，最後決定：「好吧！我也快快回公司幹活去。」

只要我們把握住今天，自然就能看清明天。這樣日復一日，年復一年，等到五年、十年以後，一定就能夠結出巨大的果實。稻盛和夫一直這麼想著，也是這麼做的，經營企業到了現在，而稻盛和夫所獲得的結果也讓他體會到一條人生真理：「完整地過好今天，就能看到明天。」

我們每個人的生命，我們每個人的人生，本來就是有價值的，也是神聖的。如果我們把如此珍貴的人生過得碌碌無為，那麼這不僅是對生命的糟蹋，更是違背了宇宙的意志。

天地自然讓我們存在，這其實是這個宇宙所必需的。沒有一人一物是偶然來到這個世上的，所以，在這個世界上沒有任何東西是多餘的。

讓我們從茫茫宇宙來看，個人的存在或者真的是非常渺小的，但是無論多麼渺小，我們都因為必然性而存在於這個宇宙當中。即使再小的、再微不足道的生命，哪怕是一些微生物，都因為宇宙承認它是「有價值」的，才得以存在。

所以，我們要拚命度過當下這一刻，這其實也是自然界各種微小的生

命活動都在無聲中告訴我們的這個真理。舉例來說，北極圈的凍土地帶，很多植物趁著短短的夏季一起發芽，儘量讓自己多開花，多結果實，能夠讓短暫的生命活得精彩。

因此，它們在漫長的冬季裡總是拚命的儲備，努力把自己的生命延續給下一代，真的可以說無雜念、全心全意活在當下這一刻。

在非洲乾旱的沙漠當中，每年也是會下一兩次雨的，每逢天降甘霖的時候，植物就會迅速發芽，急急開花，也就在這短短的一兩周內結子留種，然後就一直在酷熱的沙漠中忍耐著，等候下一次的降雨，讓新一代的生命繁衍下去。

其實，自然界的一切生物都是在規定的期限之內的，緊緊把握自己生存的每一分每一秒，拚命活在當下的這一刻，這樣才能夠讓渺小的生命得以延續。花草都是這樣，我們人類怎麼還能夠繁衍後代呢？所以我們必須抓緊每一個今天，「極度」認真地對待自己的人生。

稻盛和夫說：「這應該是我們對宇宙的承諾，宇宙讓我們降生於世，並賜予我們生命的價值。同時，這也是我們人生的戲劇能夠稱心如意、淋漓盡致演下去的必要條件。」

▍做事情一定要能自我燃燒

稻盛和夫說：「熱情是一種狀態 —— 你 24 小時不斷地思考一件事，甚至在睡夢中仍念念不忘。事實上，一天 24 小時意識清楚地思考是不可能的。然而，有這種專注卻很重要。如果真這麼做，你的欲望就會進到潛意識中，使你或醒、或睡時都能集中心志。」因此，稻盛和夫也曾經提出了自燃性的人、可燃性的人、不燃性的人這三種類型，而他認為我們每個人應該讓自己做一個自燃性的人。

　　無論做什麼事情，只有積極主動的人才有可能得到更多的機會，成功的可能性也就會更大，如果一個人沒有起碼的進取心，那麼結果是可想而知的。

　　稻盛和夫曾經把一家只有 28 個人的工作室最後發展成了擁有幾萬名員工的跨國大企業──京瓷公司。當別人問他經驗的時候，他說：「說什麼沒辦法，做不下去了，現在只不過是中途站罷了。只要大家使出全力撐到最後，一定會成功的。」可見，關鍵就在於是否把它當成自己必須完成的一項任務去做，是否把自己的全部精力都貫注其中，是否擁有那種不達目的死不休的精神。

　　稻盛和夫還說：「從事一項工作需要相當大的能量。能量能激勵自我，燃燒激情。燃燒自我的最佳方法是熱愛本職工作。無論是什麼樣的工作，只要全力以赴地去做，就能產生很大的成就感和自信心，而且會產生向下一個目標挑戰的積極性，在這個過程的反覆中你會更加熱愛工作。這樣，無論怎樣的努力，都不會覺得艱苦，最終能夠取得優秀的成果。」也正是因為稻盛和夫有了這樣的信念，最終他才將京瓷帶到了世界這個大舞臺上。

　　稻盛和夫認為，自燃性產生的根源在於「喜歡」。一旦喜歡上了，那麼自然而然就會產生努力的意念，也就會在最短時間內把事情做好。在別人的眼中也許你是辛苦不堪的，其實作為你自己卻根本渾然不覺，甚至還樂在其中。

　　稻盛和夫講述了一個他自己忘我工作的事情，說他自己每天除了工作還是工作，很少待在家裡，為此，他的鄰居們非常關切地問稻盛和夫的妻子：「您家先生都是什麼時候才回到家的啊？」他的雙親也總是寫信來勸他不要這麼拚命的工作，小心把身體累垮了。但是稻盛和夫並沒有覺得累，也不覺得苦，他把原因就歸功於「喜歡」。

其實成功並不是幾把無名火就能夠燒出來的，我們需要依靠自己點燃內心深處的火苗。

史蒂芬‧史匹柏（Steven Allan Spielberg）有一部電影叫《跳火山的人》，在這部影片中的主角喬‧班克（由湯姆‧漢克斯飾演）對於工作與生活都充滿了無力感。

他每天都是拖著沉重的腳步去上班，為此老闆的心情從來沒好過。在種種壓力的打擊之下，喬‧班克認為自己的生活已經無可救藥，結果憤恨不平、垂頭喪氣之後，他感嘆道：「我簡直就是行屍走肉。」

這部電影的劇情發展是，喬‧班克被老闆炒魷魚之後，巧遇一位古怪的億萬富翁；這個富翁提出一個交換條件，讓喬‧班克有機會徹底擺脫目前這種了無趣的生活。但是喬‧班克必須完成一項任務，那就是到一座名為「瓦波尼‧伍」的小島上去，縱身跳入一座火山之中，結果喬‧班克最終接受了這個提議。

在富翁的遊艇上，喬‧班克認識了他的女兒派特里夏，兩人從此相愛。而且自從遇見派特里夏的父親之後，喬‧班克的生活開始發生一系列不可思議的變化，面對即將擁有的嶄新人生，喬‧班克不禁望著繁星點點的夜空感嘆道：「你的生活實在是不可思議 —— 簡直無法想像！」

不過派特里夏的反應頗值得玩味，她回答說：「我父親說全世界的人幾乎都在沉睡 —— 你認識的、看到的或是正在交談的人，其實都在睡夢中度過人生。他說真正清醒的人寥寥可數，這些人總是用充滿驚奇的眼光來看待世界。」

雖然最後這部電影的票房很慘澹，但是史匹柏想要借此點醒世人，不要企圖指望別人在任何時候都能夠幫助你的人生態度還是值得我們借鑑的。

　　因為總是指望別人鼓勵的人往往會有很深的失落感。我們每個人的工作狀態要由自己負責，世界上沒有任何一家公司或是任何一個老闆能夠為你挑下這個責任。

　　在現今的公司當中，有些員工總是喜歡把自己的失敗歸咎於體系、環境、競爭、裁員或者是各式各樣的外在因素。

　　除此之外，同行之間的競爭、工作方面的要求，甚至是日常生活瑣事也都在無時無刻壓著人們，人們的心靈被這些不斷堆積的包袱壓得喘不過氣來。可是結果，正是這些漠不關心的心態扼殺了衝勁，痛苦的惡性循環從此展開。

　　結果就在這種態度轉變的過程中，出現了推卸責任以及隨意指責他人的情況。而這個時候我們應該及時調整方向，避免這種自我毀滅的行為發生，控制好自己的情緒並為自己注入充沛的活力，控制負面的情緒，擺脫懷恨或是自怨自艾，掌握自己對於工作的態度，並且積極地付諸行動。

　　點燃內心深處熱情的火苗，我們每個人對待工作的熱忱要靠自己去發掘，不要總是懷抱著不切實際的想法，以為每個人都會為你負責，為你加油打氣，或是給你更刺激、更具挑戰性的工作。

　　點燃工作的熱情火種，只要朝自己內心的深處探索，你就會發現工作的精髓，進而贏得公司及老闆的愛戴。

　　由喜歡而產生的力量是無限的。正因為稻盛和夫深深地愛著自己的工作，才會自覺投入喜歡的工作，才會自燃起熱情。

　　當我們每個人擁有了自發性的熱情，那麼離成功也就不遠了。稻盛和夫曾經還要求公司的其他管理階層也要有自燃性的熱情，並且透過他自身的影響力去帶動所有員工的熱情。而這也就需要公司有一個以「熱情」為核心的經營原則，為此，所有的管理階層也都必須率先要做到這些。

自燃性的熱情首先是要讓自己有一顆單純的心，換句話說，也就是不斤斤計較，不自私自利，而且能夠單純地希望對他人有所幫助，能對企業有所貢獻。

先拚命投入工作，然後再說別的

對於工作我們應該秉持一種什麼樣的態度呢？稻盛和夫給了我們一個很好的回答：姑且一心不亂，先拚命投入工作再說。

稻盛和夫說：「在這個過程中，痛苦會生出喜悅。『喜歡』和『投入』是硬幣的正反兩面，兩者之間是因果輪迴的關係：因為喜歡就會投入工作，在投入工作的過程中就會產生喜歡。」

他說，所以開始時即使不太願意，也要在心裡反覆自我安慰說：「我正在做一件了不起的工作」、「從事這項職業是我的幸運」。這樣的話會讓我們對工作的看法會自然地發生變化。

稻盛和夫的這一智慧對作為沒有經驗、羽翼未豐的新人來說尤其重要。應該說，努力工作才是職場新人最應該做好的事情。一方面存錢，一方面鍛鍊自己，增長見識。要記住，認真對待手頭的工作，不光是為了公司好，更是為了自己好。

稻盛和夫大學畢業後進入一家隨時可能倒閉的虧損企業，同事們都陸續地辭職離開，只剩下他一個人。他走投無路，只能想：「姑且先認真把眼前的工作做好再說。」稻盛和夫完全下定了決心，開始努力工作，隨後不可思議的研究成果接踵而來，這也使稻盛和夫對研究的興趣越來越濃厚，此後，他更投入滿腔的熱情，很快就進入了良性輪迴。

對此，稻盛和夫總結說：在你討厭工作，覺得難以忍受時，你還是要多加忍耐，要下決心朝前走，要發奮努力，這將改變你的人生。

我們都知道，在公司混其實很不容易。

小芳在一個世界 500 強會計師事務所工作，她是從初級審計員做起的。她所在的公司當時流傳著一句話，好像是說，在這個公司有一年工作經驗的人在其他的會計師事務所可以當成有三年經驗的人用。

一年後，有一天小芳實在是氣急了，對著電話那頭的客戶狠狠地說：「你怎麼這麼笨，我就沒見過你這麼笨的人！你趕快給我查清楚這個科目的餘額到底為什麼這麼大。你查不出來，我就不給你出會計報告。我讓你們絕對沒法過今年的年檢！」說完小芳就摔了電話。突然，小芳身後傳來專案經理「深情款款」的表揚：「說得好！有我當年的風範！」周圍瞬間安靜了一下，然後所有的同事們都對小芳報以大笑和掌聲。

那個專案經理走後，小芳很後悔剛才對客戶的做法。但是有時想想，作為一個初級會計，自己的能力和權利都非常有限，常常會受到客戶，尤其是有所隱瞞的客戶的不公正對待，為了維護自己的職業威信小芳有時也不得不這麼嚴厲。但也就是這種較真和嚴謹的工作態度讓她以後受益匪淺。

其實事實正是如此，只有努力工作才能擁有穩定的收入，而作為一無所有的職場新人，不管什麼工作，只要拚命投入就會產生成果，從中會產生快樂和興趣。

小芳在公司的工作教會了她做事科學的方式方法，也給以後的投資理財提供了指導。

所以剛畢業的同學或者剛剛入職的年輕人，先不要眼高手低，一定要認真對待手頭的工作，這也就是稻盛和夫所說的先拚命投入工作再說。

▎從光明正大的利他心出發解決問題

有多少挫折，就有多少昇華。特別是在一個人小的時候，多一點挫折，多一點摔跤，是一顆上升的靈魂所不可或缺的東西。

稻盛和夫於 1932 年出生於日本鹿兒島一個貧窮而又虔誠的信佛家庭。父親是一個印刷工人，一天一塊錢根本不夠養家，所以不得不做些副業，每天都忙到深夜 12 點。

甚至當時稻盛和夫出生的時候都忙得沒空去報戶口，一直把稻盛和夫的生日推後了 10 天。由於父母都忙於生計，小時候的稻盛和夫經常無人照料，一次「3 個小時啼哭」成了他小時候的一道風景。

小的時候稻盛和夫非常膽小，不敢一個人外出，總是要跟在哥哥的後面去捉些魚蝦填補家用，以至於上了小學的時候，還是哥哥的跟屁蟲。後來稻盛和夫有了幾年天真爛漫的生活，而且還當起了孩子頭。可是，厄運很快就光顧了他。

1945 年，稻盛和夫報考鹿兒島一中失敗，而且更為不幸的是，他又感染了肺結核。當時肺結核還是無藥可治的，死亡率很高，稻盛和夫的叔叔和嬸嬸就是得肺結核去世的，他的小叔叔也正在受著肺結核的煎熬。

稻盛和夫在發熱中情緒低落到了極點，當時他才 13 歲，就開始在死亡的威脅和恐懼裡顫抖。

當時，鄰居大嬸為了激勵他活下去的勇氣，給了他一本書《生命的真諦》。因為家裡窮，稻盛和夫一直沒有看過課外書，這是第一本他看到的課外書。

稻盛和夫好像是抓住了一根救命稻草，如飢似渴，貪婪地閱讀著。從這本書中，他看到了「災難心相」這個後來將影響他一生的詞彙。這本書

對「災難心相」的解釋可謂是撥雲見日：「災難是自己招來的，因為自己的心底有塊吸引災難的磁石。要避免災難就要先除去這塊磁石，而不是對別人說抱怨的話。」「把痛苦說成不幸是錯誤的，人們應該知道對於靈魂的成長來說，痛苦有多麼重要。」這對於正開始思索人生的稻盛和夫來說，猶如甘露之於久旱的秧苗。

大家都知道，肺結核是透過空氣傳染的，稻盛和夫生怕被感染，總是捏緊鼻子跑過小叔的房門口。因為還是小孩，總是會憋不住氣，所以先後都要深呼吸。他的哥哥利則卻不以為然。他的父親對病重的小叔更是悉心護理，而且父親的大愛阻擋了病魔的侵入。結果父親、哥哥安然無恙，反而對肺結核懷著深深的恐懼、時時刻意躲避的稻盛和夫，只考慮到了自己個人安危的脆弱的心，吸引了病菌。這段對生死刻骨銘心的體驗，也給了稻盛和夫前所未有的衝擊，讓他有了人生第一次重大的、深入靈魂的自我反省，讓他開始理解人生最重要的真理。

當稻盛和夫看開了這一層，他感覺對自己的心理產生了異樣的作用。一種超然的精神開始萌芽。貧困的生活，加上 1945 年每天要顛沛流離和躲避美軍飛機的轟炸，稻盛和夫的結核病被淡化了，最後居然奇蹟般地好了。稻盛和夫後來回憶說：「患上結核，這是上蒼給予我的一次珍貴的體驗。」

當然，病情自然也影響到了稻盛和夫的學習。他在第二年報考一中又失敗了。這對於一個孩子的自信心，又是一次沉重的打擊。最後，稻盛和夫僥倖讀了私立的鹿兒島中學。而在高三發生的兩件事，又給他留下了深深的烙印。

一件是中學建新校舍要大家都參加義務勞動。由於當時離高考不到一年了，學習很緊張，稻盛和夫儘管不情願，但是最後還是勉強去了工地。

　　但到那裡一看，發現高三學生總共只有三、四個人。之後的三天，稻盛和夫也就沒去。第三天老師突然點名。別的同學事先都聽到了風聲，趕在點名之前到達現場。可是稻盛和夫卻被蒙在鼓裡，點名時缺席。老師很嚴厲地訓斥：「心裡只想自己考試，連義務勞動都不參加，沒有一點奉獻精神，真自私。」 稻盛和夫當時羞紅了臉。

　　還有一件事就是棒球對抗賽。同學們都要去為本校球隊吶喊助威。由於球場離學校很遠，需要乘坐電車去，但是稻盛和夫沒錢買車票，決定徒步往返。但是同學說只要拿自己的月票混進月臺就一定能順利到達，於是稻盛和夫跟著大家一起混了進去。去的時候僥倖蒙混過關，回來的時候稻盛和夫下車時心裡緊張，被檢票員一眼看破。雖說是初犯，但是檢票員卻不管，只當慣犯處理，沒收了月票之外，還罰了他幾倍的錢。

　　結果在第二天，學校的告示板上又將此事點名批評。稻盛和夫羞愧難當，懊悔不及，從此放棄月票，每天徒步上學。

　　這兩件事對稻盛和夫的影響非常深遠。他清楚這是自己心思不正、行為不當，才弄得自己狼狽不堪，被人蔑視。而自己的思想行為和結局之間，肯定是存在著一種因果關係的。

　　也是從此之後，稻盛和夫逐漸建立起「作為人，該如何做？」的判斷事物基準，並以此嚴格律己，這些都與他中學時代這些挫折有很大關係。

▌正確做人，做正確的人

　　作為一名成就非凡的企業家，稻盛和夫最關注的並不是如何管理企業，而是如何正確做人。

　　稻盛和夫在他的《活法》中說，「什麼是我們需要的哲學？用一句話表達，就是『作為人，何謂正確？』就是父母教給小孩的簡單質樸的做

人道理，也就是人類自古以來宣導的倫理道德」。稻盛和夫一直以來都覺得，任何經營管理行為都不能夠違反社會的一般道德標準，要符合做人的道理，並且隨時都要以正確的做人準則作為標準來進行判斷。

「做為人，何謂正確」是稻盛和夫管理哲學的原點。稻盛和夫在剛剛創立京瓷公司的時候，對如何管理企業根本沒有經驗，也沒有知識，也不知道如何才能夠把企業辦好，但是稻盛和夫知道做事情違背道德是不可能成功的，所以，他就決定把「作為人，何謂正確」作為判斷的基準，也就是把作為人是正確還是不正確、是善還是惡作為公司經營的判斷基準。

在稻盛和夫看來，這些正確的事情就是「不說謊，不給人添亂，要正直，不貪心，不能只顧自己」等等在我們每個人都還是孩童時代家長和老師教過的最單純的規範，以及從中引申出的正義、公平、公正、勤奮、誠實、謙虛、正直、博愛等社會的基本倫理規範。這些世人皆知的基本規範就此也成為了稻盛和夫最初的經營指標和判斷事物的基本標準。

「做為人，何謂正確」這一判斷標準是基於人類與生俱有的良心，衍生自最基本的倫理觀和道德觀。這是一個最簡單的基準，但是又是一個最正確的原理，如果能夠遵循這一原理去經營企業，那麼我們就不會迷失方向，就能夠在正確的道路上闊步前進，就能夠把事業引向成功。

而稻盛和夫自己不僅始終堅持這一原則，更把它作為對公司全體員工的基本要求。在被問及成功的經驗時，稻盛和夫說：「京瓷之所以成功，是因為京瓷經營判斷的基準，不是『作為京瓷，何謂正確』，更不是『作為經營者的我個人，何謂正確』，而是『作為人，何謂正確』。因而它具備了普遍性，就能夠與全體員工所共有。我認為京瓷成功的原因就在這裡，除此之外，沒有別的原因。」

其實，稻盛和夫是一個非常謙虛低調的人，具備大企業家和大哲學家

的風範。他對「作為人，何謂正確？」的解讀是：包括老闆在內的全體員工，思考任何問題，對於任何一件事情，需要問自己「作為人，何謂正確」這樣一個問題。

這裡需要我們特別注意的是，大凡世上的人類，特別是從事商業的人士，首先考慮的經常是「利益」兩個字。「這件事情對我自己是有利還是有害？」，而任何的商業教材、培訓講座，也無不都是統統圍繞著「利益」這個人人追求的東西。

在一個公司裡面，任何一個制度的制定，公司方面和員工方面的某些行為無不滲透了或明或暗的博弈。一個地方政府、一個國家，制定任何的法律、政策，也無不要考慮到方方面面的利益，最後生效的法律法規通常是多方面根據力量強弱博弈的結果。

而稻盛和夫則以他的經歷、教訓和各類東西方宗教文化的學習，通曉了人性，穿透了人心，最後提出了「作為人，何謂正確」的利他哲學原點。

稻盛和夫告訴我們：關於做任何事情，首先不要去考慮利益，而是考慮是否正確？這件事，我如果要做，是不是正確的？對大多數人有利還是有害？所謂正確，那麼就是對大多數人有益的事情，而不是僅對我有益的事情。

那麼作為企業的經營者、老闆、管理人，思考的是作為自己何謂正確？企業的員工們，考慮的也總是作為自己，何謂正確？這樣就能夠「反聞聞自性」，不會作出有害別人和大家的事情。

現今的企業更像是一個小的社會，老闆、股東、管理層、員工，紛紛都在打著自己的算盤，他們的眼睛總是會盯著對方，反覆思考的是他作為人何謂正確。老闆一天到晚不是考慮自己應該如何做才是正確，而是考慮和要求員工應該如何做才是正確，所以總是會不停地說教、訓斥，大動干戈。

可是員工呢，他們也不是在考慮自己作為人應該如何做才是正確，而是在想作為老闆、作為領導者，他應該怎樣做才是正確的。其實按照稻盛和夫的觀點，老闆和員工都越位了，成為了一個手電筒，只照別人不照自己。

這樣一來，衝突、博弈、鬥爭、反抗、強迫等等，肯定就勢在難免了。天堂與地獄的區別，就在於利他互利與利己害人的區別而已。

所以，稻盛和夫哲學的「作為人，何謂正確」七個字，我們每一個人都應該正確理解，作為人何謂正確，不是作為別人何謂正確，而是作為自己何謂正確。不管是經營者還是員工，只要思考的路子和位置對了，那麼企業如果不興旺，做人不成功，真的可以說是天理不容了。

▌絕不隨波逐流，懂得「死守」

如果面前有兩條路，而來者對路況的清晰與否並不清楚，那麼應該選擇哪一條？在稻盛和夫看來，當人們彷徨猶豫之時，不妨擺脫一己私利，選擇那條「本該走的路」。哪怕那是條荊棘叢生的路，也要勇敢走下去，勇於選擇「不圓滑」、「不得要領」的生存方式。

用長遠的目光看問題，用正確的哲學指導行為，是不會帶來損失的，即便有損失，也會帶來回報、避免大錯的。

就拿現在的日本來說，並沒有完全擺脫泡沫經濟陰影，最初，很多企業企業爭著參加不動產投機，將土地轉賣就可以讓資產升值，而且行情還在好轉，從銀行貸巨額資金，之後繼續做不動產投資，很多企業都這樣做。

只要持有房產，房產就會升值。如果僅從經濟原則方面說，似乎有些可笑，而這種違背原則的行為被認為理所當然。但是只要這個泡沫破裂，

渴望增值資產就會瞬間轉化為負資產，很多企業都因此落得一身債。

　　這就是稻盛和夫不可能踏入這種不正常的經濟成長的原因。在他看來，這種做法無異於賭博，一輸就是慘敗。可能有人會說稻盛和夫是事後諸葛，看到別人失敗後說風涼話，但是稻盛和夫卻認為：只要你懂得原理原則，只要你持有正確的哲學，不管出現什麼潮流，你都能作出正確判斷。

　　經營京瓷多年之後，稻盛和夫已經擁有了巨額現金存款，很多都勸他投資不動產，包括銀行的人，看到稻盛和夫對此「不開竅」，還想要教他賺錢的「保密」。

　　但是在稻盛和夫看來，將土地從左手轉到右手賺錢的好事是不存在，即使能夠賺錢也屬不義之財，來得快，去的更快。正是因為他有這樣的想法，所以他將這些建議一一回絕了。

　　「只有額頭流汗，靠自己努力賺來的錢才是真正的利潤」，這就是稻盛和夫的信念。而這個信念，正是源於做人的正確原理原則。因此，在巨額暴力引誘下，稻盛和夫能夠確保自己不生貪念，他的內心也從未因這些巨大利益而動搖過。

　　雖然多數人都知道這個道理，但是由於人性的脆弱，不刻意地去警惕、自我戒備，很容易在不知不覺中成為欲望、誘惑的俘虜。

　　經營房產可以說是當時經營者們追求的大方向的經濟潮流，而這種經濟潮流如果五彩的泡沫，表面上非常美麗，實際上卻非常容易破裂，瞬間無影無蹤。

　　可能土地的轉手會像賭博那樣讓一個企業在短時間內獲得豐厚的利益，而多數人也確實被這巨大的財富吸引了，因它而駐足了，隨波逐流的現象也就更容易理解了，在巨大利益的驅使下，人們難免會視線模糊，頭

腦不清晰，被利益「誘拐」。

　　而稻盛和夫就是脫離這多數人的少數人，他很清楚自己要什麼，死守賺錢的速度可能會慢一些，在外人眼中是個膽怯的人，而正是這種有原則的地賺錢，賺辛苦錢的做法，使得京瓷從未經歷過「大落」，持續、穩定地向前發展。

第四章
人生的努力是為了提升心性

▍應永遠秉持一顆審慎謙卑之心

　　古人云：「得人心者得天下」，從古至今，凡是能夠穩坐天下的君主帝王，通常都是「得人心」的人。特別是當今社會，成功的企業家之所以能成功，大部分原因也正是因為他們是「得人心」者。他們不僅僅贏得了社會民眾的心，也贏得了企業員工的心。只有將企業員工的心凝聚到一起，企業領導者才能夠帶領員工，推動企業向前發展。

　　而稻盛和夫本人就非常認同這一理念，他也是一直致力於將企業員工的心凝聚到一起。稻盛和夫認為，想要將員工的心凝聚到一起，那麼最重要的事情就是先要把自己置身於集體之中，能夠攜帶著一顆謙卑的心靈，保持一種謙虛的態度，並且要讓自己了解到，正是因為有了企業員工的努力，才會有自己的今天。

　　其實，作為一個企業的領導者，雖然他的位置是高高在上的，但是他的心卻不應該高高在上。企業領導者一定要將自己融入到企業集體中，融入到員工中去，真正關心員工，獲得員工的信賴，並且讓員工能夠真切地體會到領導者隨時和他們站在同一條戰線上。

　　在管理的過程中，雖然領導者在有的時候不得不對員工進行嚴格要求，但是在擁有關懷的企業中，員工還是能夠從領導者的嚴峻外表中感受到一顆溫暖的心，從而心甘情願地追隨企業。

　　稻盛和夫說過：「快速成長的公司，其高層主管一定要有主動積極的工作態度，並以身作則。他的態度必須真誠，更重要的是，身為領導者絕對不要忘了隨時向後看，注意員工是否都跟上來了。」

　　在企業管理的過程中，經常會出現這樣一種現象，那就是處於同樣位置的領導者，有的人可能會得到員工的敬重與愛戴，但是有的領導者表面上被員工恭恭敬敬的尊重，背後卻被員工唾棄。

那麼到底是什麼原因呢？原因就在於那些不受尊重的主管往往是用自己的優越感拉遠了與自己部下的距離，沒有與員工建立感情。

領導者要想得到員工的尊重，除了要避免在員工面前顯示自己的優越感之外，還要與員工建立感情。

當然，在一個公司中每天都會有很多繁忙的事務需要主管來處理，高層主管的時間安排是非常緊湊的。那麼作為主管應該如何抽出時間與員工建立感情呢？稻盛和夫的做法為我們指明了道路。

稻盛和夫經常透過舉辦酒話會的方式來聯絡他與部下之間的感情。他說：「我總是利用各種機會與員工談話，努力使大傢俱備相同的思維方式。舉辦酒話會，可以與員工促膝而坐，在互相乾杯之餘，進行心對心的坦率交流，求得相互理解。我總是盡可能製造這種與員工交談的機會。」

稻盛和夫認為，如果客觀條件不允許領導者和員工進行經常性的接觸，那麼領導者也不可以在無意間流露出優越感，甚至是賣弄自己的權力。而應該抓住每個能夠與員工接觸的機會，並且好好珍惜。

例如當主管在經過員工身邊的時候，讚賞一下員工的工作，給以鼓勵；路上碰到的時候關心地詢問一下員工；時間允許的話偶爾和員工一起喝喝咖啡等等。

稻盛和夫堅信，即使是一些最為細小的關懷，但是只要態度真誠就一定可以贏得員工的心。

這一觀點在事實中也被證明，長遠的關係就是建立在這種關懷的基礎之上的。如此一來，就會在公司內部形成一種和諧的氛圍，以增強員工的團隊意識。

稻盛和夫曾經引用過一句日本古代的諺語來表達謙卑的意義：「你的存在，就是我存在的原因。」所以稻盛和夫認為，維繫團隊和諧與合作的

唯一方法就是領導者要把自己視為團隊的一小部分，並且明確任何事情都是具有兩面性的，然後設法面面俱到。

　　稻盛和夫告訴我們：「當我們希望別人了解自己時，就得從心裡發出聲音。這樣的聲音自然會有一種特別的力量，使人感動。這就是說服人的最高境界 —— 雖然不是滔滔不絕，卻絲毫不減魅力。」

　　當然，在企業中領導者與員工之間的溝通如果僅僅是靠真誠與謙卑，還是不能夠清除來自年齡、經驗，或者是生活方式上的鴻溝。

　　假如領導者與員工的年齡相仿，那麼就可以透過具有相同經歷的生活背景來進行溝通。如果年齡相差比較懸殊的話，如果想讓年輕人了解領導者，那領導者的理念就必須放諸四海皆準的原則，並可以告訴年輕的員工對於一個人來說，什麼是對的且應該做的事。如此一來，即使員工與領導者隔了幾個時代，也會贊同。

　　特別需要說明的是，這種方法不僅僅適用於領導者與員工之間，而且在人與人之間的交往中也同樣適用。

　　因為「謙卑」是叩響他人心靈之門的「通行證」。只有懂得謙卑，態度才會更加真誠。如果要別人真正了解我們，那麼我們說得天花亂墜是沒有用的，要學習從身體和靈魂深處發出最真誠的聲音，真誠地對待他人。

▎德重比才更重要

　　《左傳》云：「太上立德，其次立功，其次立言。」可見自古先人就告誡我們，為人處世，要最先樹立起自己的道德，這樣才能夠建立起後世之功。俗話說：「人無德不立。」這是「德」在做人一世中處於根本性位置的注解。

　　同樣古語又云：「得道者多助，失道者寡助。」因為失去「道」就等

於失去了人心，這裡的「道」也就是「德」的意思。要想開創一番事業，沒有「德」，企業就不可能興盛，在治理國家的時候也是同樣的道理，無「德」的國家也是不能強大的。

不管是做人還是做事，經營企業，甚至一個國家的治理，我們都應該本著一個「德」字。國際日本文化研究中心的川勝平太教授曾經設想出「富國有德」的國家發展模式，而稻盛和夫也正是受到了川勝平太教授「立國不憑富而因德」的這個思想的啟發。

稻盛和夫認為，這個思想可讓日本在諸國中立足並強大，不是透過武力或經濟實力，而是以「德」的行為獲得他國的信任和尊重。為此，稻盛和夫也提出，應該把「德」作為日本國策的基礎。

稻盛和夫主張日本的目標既不應該是經濟大國，也不應是軍事大國，而應該以「德」重建國家；既不應該成為一個擅長打小算盤的國家，也不應該成為一個忙於炫耀軍事力量的國家，而應該以人類崇高精神之「德」作為國家理念，並與世界接軌的國家。其實，這些思想就是稻盛和夫的「治國安邦，德為根本」的想法。

「德」，即道德，是安身立命的根本。從事教育，自古就講求師德；作為醫治蒼生的醫生，也必須遵循醫德。其實，從事任何產業都需要講求「產業道德」，歸到本質而言，做人與做事都應該以「德」為本。

所以，作為一個企業家，回歸到經營中就應該依循「商德」。而稻盛和夫本人也是將「德」看做是經營之本的。稻盛和夫曾經引用古語「德勝才者，君子也。才勝德者，小人也」來表達自己對德的認知，而這也是稻盛和夫強調「德」在經營中極為重要的思想體現。

在經營中，稻盛和夫一直都是堅持遵循事物的本質，用正確的原則和方法作為自己判斷的基準，這種始終貫徹「德治」的行為，正是體現了稻

盛和夫開展事業的目的與方向。因此，京瓷及 KDDI 兩個大企業之所以在幾十年的春秋道路中，即使經歷社會經濟大環境的種種困境，面臨各種艱難與複雜的經營決策問題，最後也能夠在正確的判斷準則下得以解決。

其實，在稻盛和夫創業之初，他就常常為應該做出什麼決策才最重要、怎樣判斷這樣做是否有價值和意義等問題而發愁和苦惱，也正是由於稻盛和夫在剛剛創建京瓷的時候沒有營運模式可以效仿，所以對各種既定的經營概念，稻盛和夫只能夠先質疑後試行，而稻盛和夫要想讓企業走上「正確」的道路，他只能夠用正確的做人準則來作為經營的判斷標準。

那麼這種「正確」的判斷基準從何處得來呢？在稻盛和夫看來就是「道德」二字：具有高尚品德的經營者，通常會得到企業員工、顧客以及競爭對手的尊敬，所以「以德為本」的理念是適合宇宙萬物的準則，更是企業持續繁榮發展的有效法寶。稻盛和夫曾說過：「以德為本的經營，還有一個要點，就是要求領導者在企業內樹立明確的判斷基準。」他認為，這個判斷基準可以概括為「作為人，何謂正確」這一句話。

「正確」經營就是「以德為本」，在取得長遠發展的大企業中，也是一直被用來作為經營的核心理念。

當稻盛和夫說起自己特別敬重的經營者時，他會經常提到松下公司的創始人松下幸之助，以及創立「本田科研工業」的本田宗一郎。因為稻盛和夫認為這兩位企業家就是在用他們高尚的品格來經營企業的，並且也證明瞭在這種「德」行中獲得了成功。

稻盛和夫認為，以德為本可以創建「和諧企業」，而依靠權力來壓制別人或者依靠金錢來刺激員工，這類方法顯然無法建設「和諧企業」。

也許這樣的經營能夠讓你獲得一時的成功，但是最終還是會招到員工的抵制，露出破綻。所以說，企業經營必須把永遠的繁榮作為目標，只有

「以德為本」的經營才能夠實現這一目標。

除此之外，這種「以德為本」的理念，不僅是在組織內部適用，就是在與客戶商談溝通的時候也是非常必要的。

因為「以德為本」這一理念比起玩弄手段、抓住對方弱點討價還價、以勢壓人等辦法，顯然更為合理、更具有人性化，當然成效也更為顯著。

所以，稻盛和夫認為，企業的經營成敗決定於領導者本身。經營者本身品格的高低將決定企業發展水準的長遠與否，當企業經營者以德為本進行企業的經營時，就是和諧企業建立的開始。

正確的為人之道是非常簡單的東西

我們每個人應該具備優秀的人格，企業也應該具備優秀的品格，而想要做到這些，就要弄明白「作為人應有的正確的生活態度」。

這種「正確的為人之道」很顯然是立足於具備普遍性的倫理觀之上的，所以這種「哲學」的內容可以超越國境，在「全球性經營」當中也能夠有效地發揮作用。

稻盛和夫所創建的京瓷公司現在在全世界有很多生產據點和銷售據點，而員工大部分也不是日本人，作為全球性的企業在全世界開展業務活動，在語言、民族、歷史、文化完全不同的地區和國家開展事業，那麼在從事企業經營的時候，如何「治人」的這個問題將變得越來越尖銳。

自古以來，「治人」一般有兩種方法：一種是歐美常見的方法，就是用強大的權力來壓制人，統治人，這種辦法出現在東亞稱之為霸權主義，或稱「霸道」。

另一種方法，就是亞洲，特別是以中國為中心所宣導的「德治」的方法，也就是用仁義來統治的方法，這種「德治」的方法又被叫做「王道」。

　　稻盛和夫介紹說，在他創業後的第 9 年，當時的京瓷還是中小型的骨幹企業，在日本企業當中算是最早進軍美國的企業，在史丹佛大學附近的庫比蒂諾，也就是現在的矽谷設立了事務所，當時只派遣了兩名員工，就開始在美國展開營業活動了。

　　後來業務逐漸發展起來之後，又雇傭了當地一位日裔員工。這位日裔員工的面孔同日本人一樣，可是在思維方式上完全是美國人的一套，除了懂得一點日語之外，在各個方面都會與稻盛和夫他們持有不同的意見，所以這讓稻盛和夫不得不注視和面對這一問題。後來在山迪埃穀設廠的時候，稻盛和夫聘用了一位美國的工廠長，同他之間也總是意見對立，格格不入。

　　但是因為有了上述的經驗，所以稻盛和夫很快認識到在海外經營企業，歸根到底就是一個如何治人的問題。

　　在當時，只要現場一發生問題，稻盛和夫就需要立即飛往美國，穿上與現場工人一樣的工作服到作業間進行巡視，看到工作表現差的員工，就會「要這樣做，要那樣幹」，直接批評、指導他們。比如當稻盛和夫看到當地的女工在做裝配作業的時候手忙腳亂，就會走到她們身旁，「你看這麼裝如何」，教給她們作業的方法。

　　這個時候，身穿西裝的美國工廠長立刻趕來現場，抱怨說：「稻盛社長，你怎麼能夠到這種地方來，讓我很難堪」。「我們為社長準備了單獨的辦公室，你只要坐在社長室，有事叫我們就行。我們會向你報告現場的情況。你穿著工作服來到工作現場，與女員工一起，同她們做一樣的工作，這真的讓我們感到很為難。在美國沒有這種習慣，從日本來的社長這麼做，會被人小看，怎麼水準這麼低。」

　　但是稻盛和夫並不在乎別人怎麼想，從此之後，稻盛和夫還是會同在

日本一樣，深入現場，與現場員工們一起拚命工作。

　　有一次，當他看到一位工作極為馬虎的年長美國員工，一副厭惡工作的表情，甚至將陶瓷原料放進機器的時候，竟將原料灑了一地。

　　這位員工的行為很不巧讓稻盛和夫看見了，於是稻盛和夫嚴厲地斥責道：「幹活怎麼能這樣有氣無力，另外，將貴重的原料灑落一地，你怎麼連一點成本意識都沒有。」當時稻盛和夫猶如烈火般怒斥他。

　　結果這位年長的員工也是火冒三丈，立即頂撞道：「簡直混帳，這樣的公司還做得下去嗎！」吐出這句話之後，他憤然離去。

　　後來稻盛和夫才知道，這位員工原來出身於美國海軍，是經歷日本沖繩戰役激戰獲得勝利的勇士，經常使用東洋鬼子這種侮辱性的語言對付日本人，對於在美國工廠工作的日本員工，他平時就出言不遜，毫不忌諱：「像你這樣的日本鬼子有什麼資格來指揮我」。所以，這次受到稻盛和夫這樣一個東洋鬼子的頭子的嚴厲斥責，他當然受不了，於是就罵了稻盛和夫。

　　在美國經營企業的日本經營者對待美國的員工，總是避免用嚴厲的言辭說話，在這樣的風氣中，稻盛和夫卻毫不含糊，始終採取堅決的態度。

　　因為稻盛和夫是這樣考慮的：「員工工作態度惡劣，就必須嚴肅地向他指出，要他改進，這不是霸權主義，不是以權力讓當地員工屈服、以便隨意驅使他們。因為我是社長，我有權力，可以隨時解僱你，就是說，可以用權力進行統治。但採用這種方法，只要我一轉身，員工就可以陽奉陰違，事情肯定做不好。」

　　而且更為關鍵的是，稻盛和夫意識到，最重要的是在海外當地法人企業工作的員工們，對他自己、對日本常駐人員，是否信任、是否尊敬，這才是問題的關鍵。

如果既不受信任、又不受尊敬，那麼這樣的領導者在異國他鄉治人管人，當然是不可能成功的。同時，由於缺乏對企業領導人的信任和尊敬，那麼員工們對企業就自然沒有忠誠可言，要做到不管領導人是否在場，都能夠一如既往、拚命工作，當然也是不可能的。

那麼，到底怎麼做才能得到對方的信任和尊敬呢？要想贏得外國人的信任和尊敬靠什麼呢？其實，答案很簡單，稻盛和夫說：「那就是優秀的人格。」讓對方覺得你是一個具有優秀人格的，這才是取得對方信任和尊敬最好的方法。

▌嚴格按照「六項精進」磨礪心性

領導者需要磨鍊心志、提升心性，其實我們所有的人都應該朝著這個方向努力，不僅要機敏，而且更要正直；不僅要提高能力，而且還要塑造人格。甚至可以說，這就是人生的目的和意義所在，我們每個人的人生無非就是提升人性、提升心志的過程。

那麼，所謂提升心志到底是怎麼回事呢？其實這也不難理解，這並不是指要達到參悟的境界。稻盛和夫認為，帶著比呱呱落地時稍微美好的心靈告別人世，這樣就足夠了。

在死亡的時候，靈魂是比出生的時候稍微有進步的，這就是心靈稍經磨鍊的狀態。抑制自我放縱的情感，能夠讓心靈寧靜，讓關愛之心萌芽，讓利他之心滋長，哪怕只有一點點，讓我們與生俱來的靈魂朝著美好的方向變化，這其實就是我們的人生目的。

當然，相對於浩瀚宇宙的歷史長河，我們的人生也只不過一閃而過。但是正因為這樣，在我們稍縱即逝的人生當中，我們的靈魂在終結的時候價值必須高於降生時的價值，這才是我們生存的意義和目的，這也是稻盛

和夫的人生觀。進一步說，朝著這個方向努力的過程本身就體現了一個人的高貴，就揭示了人生的本質。

飽嘗苦痛、傷悲、煩惱，一邊掙扎，一邊又感覺到生命的喜悅和樂趣，體會人生的幸福，就這樣，人生的戲劇一幕一幕展開，在一去不復返的現實世界中我們拚命地努力。

喜怒哀樂、悲歡離合的人生體驗，就好像是砂紙一樣砥礪著我們的心志。當人生謝幕的時候，我們的靈魂只要能夠比開幕的時候高尚一點點，那麼我們就算是活出了價值，就算是不虛此生。

那麼我們到底怎麼樣才能磨鍊心志、淨化靈魂呢？有著各式各樣的方法和途徑，這就好比登上山頂可從 360 度任何一個方向出發，有無數條道路一樣。

稻盛和夫從自己的經驗當中歸納出如下的「六項精進」，作為磨鍊心志的指標，稻盛和夫認為這一點是非常重要的，並且還向周圍的人進行介紹。

> **付出不亞於任何人的努力**：努力鑽研，比任何人都要刻苦，而且做到鍥而不捨，持續不斷，精益求精；有閒工夫發牢騷，不如讓自己前進一步，哪怕只是一寸，努力向上提升。

> **謙虛戒驕**：「謙受益」這其實是中國的古話，意思就是說謙虛之心喚來幸福，還能淨化靈魂。

> **天天反省**：每天檢點自己的思想和行為，看看自己是不是自私自利，有沒有卑怯的舉止，做到自我反省，有錯即改。

> **活著就要感謝**：活著就已經非常幸福了，培育我們的感恩之心，滴水之恩應當湧泉相報。

> **積善行、思利他**：「積善之家有餘慶」。行善利他，言行之間一定要關愛別人，行善積德才能夠有好報。

> **不要有感性的煩惱**：不要總是憤憤不平，也不要讓憂愁支配自己的情緒，更不要煩惱焦躁。所以，要全力以赴、全神貫注地投入工作，以免以後懊悔。

稻盛和夫經常將這「六項精進」掛在嘴上，時刻提醒自己實行。雖然字面上看起來平凡之極，而且都是理所當然的事情，但是這必須是一點一滴去實踐，融入到每天的生活之中。千萬不要把這些道理當成擺設，關鍵還是要在日常生活中得到貫徹和落實。

假如我們作為一名員工，只有心中想著用心去工作，真正地把自己的才華和能力運用到實際工作中去，這樣才能夠為公司、為老闆創造出更大的價值，當然在這一過程中，我們也可以把自己的能力恰到好處地表現出來。

如果我們從一個老闆的角度來說，什麼樣的員工才能夠得到他的器重和信賴呢？其實答案非常簡單，就是踏踏實實工作的員工。

特別是在日常工作中，我們往往會深刻地感受到老闆對於公司的業績是最為關心的，如果你的工作業績並不是非常突出，即使你的能力再好，人際關係再好，那麼到頭來也是得不到老闆的青睞的。

每一個老闆都希望自己的員工能夠創造出很好的業績，特別是當公司在遇到困境的時候，這個時候更需要一位元元元穩健果斷、能夠高效工作的優秀員工，只有這樣才能夠讓公司迅速地擺脫困境，自然老闆就會更加器重你。

英國著名的小說家特羅洛普曾經說過：「如果誰只是為了錢而寫作，就算他有寫作的天賦，並強迫要求自己每天寫出 2,000 字，風雨無阻，他也成不了一個傑出的小說家。」

其實特羅洛普的這句話說得是非常有道理的，因為在他剛剛從事寫作的時候，有一個作家的建議讓他受益終身。到了後來，特羅洛普又把這句話送給了羅伯特・布坎南。

特羅洛普說：「如果你想成為名垂千古的作家，在坐下來寫作之前，先放一點鞋匠的黏膠在椅子上，這樣的創作精神才有希望成功。」

特羅洛普所說的這番話正和法國道學家儒貝爾說的一樣，「偉大的作品來自天才的靈感，但是，只有辛勤的工作才能把它變成現實。」

所以，我們發現，一個人的勤奮比天賦顯得更加重要。而且在這個世界上，那些靠天才取得成績的人們透過勤奮同樣也能夠獲得，但是如果透過勤奮取得的成績，靠天才是很難達到的。

▌無論遇到什麼事情都要感謝

感恩是一種美德，也是一種智慧。只有懂得感恩的人，才是一個具備高尚道德的人，也才是具有聰明才智的人；懂得感恩的人，才能夠珍惜自己所擁有的一切，才會有一個積極樂觀的生活態度。

稻盛和夫認為懷有感恩之心是非常重要的，他說：「對於努力和誠實所帶來的恩惠，我們自然心懷感激之情。我們的人生道德標準就是在這些經歷和時間中逐漸鞏固定位的。回首過去，這種感激之心就像地下水一樣滋養著我們道德的河床。」

稻盛和夫創建的京瓷公司，經歷了日本經濟快速成長、社會富裕的穩定時期之後，開始走上了正軌，規模也日漸擴大。雖然這些都是他透過自己的努力和誠信而取得的成功，但是稻盛和夫還是沒有忘記心懷感激之情。

稻盛和夫曾經在《活法》一書中寫道：「南無、南無，謝謝！」，其

實這看似簡單的話語就是他接觸到的最早的感恩思想，也正是從那時起，感恩的思想就深深地根植在他的內心。

稻盛和夫出生在鹿兒島，在他四五歲的時候，他的父親曾經帶著他去參拜了「隱藏的佛龕」。而這種佛龕是德川時代的淨土真宗，後來被薩摩藩取締，可是人們仍舊暗中虔誠信仰。

當稻盛和夫跟隨父親和參拜的一行人登上山之後，來到了一戶人的家中，在這個光線昏暗的室內點著幾支小蠟燭，有一個穿著袈裟的和尚正在誦經。

稻盛和夫和其他的孩子一樣，都一起盤坐在和尚的身後，開始聆聽和尚低聲地誦讀經文。在參拜結束之後，和尚告訴稻盛和夫：「以後，每天要默念『南無、南無，謝謝。』這是在向佛表示感謝。」

正是這樣，在稻盛和夫幼小的心靈深處就種下了感恩的種子。後來稻盛和夫回憶說：「對我來說，這是一次印象深刻的經歷，也是最初的宗教體驗，那時教給我感激的重要性似乎奠定了我的精神原型。而且，實際上，即使今天，我每臨大事，『南無、南無，謝謝』，這種感激的話語也常常無意識中脫口而出，或在內心深處響起。」

其實我們很多人都知道做人應該有感恩之心，可是說起來容易，做起來卻是非常困難的，因為這需要我們長時間堅持一種心懷感恩的信念，這當然不是一件容易的事情。每當我們生活好起來的時候，很多人也許會心懷感激，因為那個時候我們都不愁吃穿用，所以感謝生活的施予；但是也有的人在遇到好事時，一邊說「太好啦，太好啦」，而一邊視之為理所當然，不知道感恩，可能在他們的心裡甚至還要求應該得到更多。最終，這種人只會被幸福所拋棄。

特別是當我們遭受挫折及災難的打擊時，很多人就更難再對生活說

「謝謝了」，甚至會心生埋怨。

我們的生活有好有壞，不能不感恩好運，自然也不要埋怨厄運。其實，越是生活陷入穀底的時候，我們越應該感謝生活，因為這些磨難會幫助我們成長。

在稻盛和夫眼中，如果厄運來臨，則應該感謝生活給予我們磨礪的機會；如果好運惠顧，則更應該表示感謝。一個人常在心中說「謝謝」、「太感謝了」這樣的話，就能夠讓我們在無形中常懷感恩之心。

在每個人的生命旅途中我們只有一次機會，或許會經歷各種艱辛，或許也能體驗到各種快樂。但是我們應該怎麼做才能感受到幸福呢？稻盛和夫告訴我們：「要感謝生命，因為只要活著就是幸福。」

所以，在生活中不管是面臨好事還是壞事、幸福的惠顧還是災難的打擊，我們都應該讓感恩的信念常存心中。無論遇到什麼樣的命運，都不要哀嘆、怨恨、沮喪或抱怨，而應該要一直豁達地向前看，懷著感恩之心度過每一天。另外，我們還要懂得知足，無論物質條件如何，內心一定要懂得滿足，這樣幸福也會不期而至。

我們經常能夠看到，由於缺乏感恩之心，社會上常常會出現破壞生存和諧與生態平衡的行為，也有的人是身處要職而利用職權貪汙腐敗、因出身微寒而殺人、遭受挫折而輕生……其實這些原本都是可以避免的行為卻一幕幕發生，讓我們感到無比的痛心。

生活在這個世界上，能夠呼吸到新鮮的空氣、有水可以解渴、有食物可以充飢、還有親人朋友給我們慰藉，這些最原始需要付出努力才能得到的東西，而現在在這樣一個物質生活充裕的今天，變得可以輕鬆獲得。

也正是因為得到的太容易了，反而讓人們不再感到滿足，越來越多的人開始利用不正當手段來滿足自己日益膨脹的欲望。如果一個人能夠對有

幸生存下來感到欣喜和心存感激的話，那麼就不會有犯罪以及輕視生命等行為的頻繁發生。

稻盛和夫說：「幸福的心情始於『知足』。」而且他也經常在內心深處告訴自己：「只要我們能健康地活著，就應該自然而然地生出感恩之心；有了感恩之心，我們就能感受到人生的幸福。我活著，不，讓我有活著的機會，我當然要表示感謝，這樣我就會感受到幸福。有了這樣一顆能感受幸福的心，我就能活得更加滋潤，讓自己的人生更加豐富，我相信這一點。」

只有懂得感恩，生活才會變得更加美好。遇到挫折不必氣餒，因為它能夠鞭策我們變得堅強；學會感恩，它也會變成我們再接再厲的動力。讓我們心懷感激、謙虛地接受人生的災難或好運，豁達並努力地生活下去，相信一定能夠迎來美好的人生。

▎率直地表達出你的情緒

稻盛和夫說：「如果感恩之心是幸福的誘因，那麼率真的態度也許是進步之母。即使是刺耳的話也要以謙虛的態度聆聽，當改之事就在今日立即改正，不能拖到明日。」他認為，一個人只有抱著這種率真的心態，才能夠提高能力，改善心智。

那麼，到底什麼是率真呢？所謂率真，不僅僅是指坦率和真誠。率真的心更重要的是指勇於承認自身的不足，並且能夠以謙虛的姿態聽取別人意見的態度，這是一種發自肺腑的情感表達，更是讓每個人繼續踏實研究和勤懇工作的動力。

率真的心和謙虛的態度是取得進步的重要因素，也只有這樣，才能在工作中做好每一個細節，聆聽到每一個聲音，最終獲得成功。

　　而稻盛和夫就是這樣的人，他也常常這樣教誨他的員工和助手。當初稻盛和夫還是研究員的時候，每當得到自己想要的結果時，他都會高興得手舞足蹈，大聲歡呼「太好了」，可是他的助手每次都會非常冷漠地在旁邊看著他。甚至有一次，當稻盛和夫高興得跳起來的時候，他的助手說：「你真是一個輕率的人啊，總是為了一點小小的成功就高興得不得了。你是個男人，一個男人高興得跳起來的事情，在一生當中應該只有一兩次就不錯了，像你這樣的人，動不動就高興，只會讓人覺得輕率。」

　　結果這句話真的就好像是給了稻盛和夫當頭一棒，他立即恢復常態並對他的助手說：「你說得很對，但是我認為取得成功時，哪怕成果再小，還是單純、率真的高興為好。即使多少有些輕率，但是這是發自肺腑的高興，是讓我能夠繼續從事研究和勤懇工作的動力。」

　　稻盛和夫這番話實際上就是告訴了助手率真的重要性，也反映出了他的人生信念。其實，率真就是讓我們活得簡單，活得自由，不要總是把事情想得太複雜。

　　我們做什麼工作都不可能是一帆風順的，而且取得一點小的成績也絕非輕而易舉。如果取得小成績還不能讓人覺得快樂，只有大成績才能讓人高興的話，那麼在小成績還沒有累積成為大成績的時候，人肯定就會一直在不快樂中工作，這樣我們肯定會非常鬱悶，甚至是讓人失去信心。另一方面來說，如果在工作當中，我們遇到了困難，但是還裝作沒事情，那豈不是阻礙了工作的順利開展。我們應該做到：當喜則喜，不懂就問，率真地面對一切，活得輕鬆，這樣工作也自然會變得輕鬆起來。

　　在現實生活當中，很多人都喜歡將自己變成一個八面玲瓏的人，讓別人看不出他在想什麼，可是他們是很難做到能夠毫不掩飾率真地面對一切的，所以總是覺得活得很累。而一個率真的人，看透了野心的虛偽和表演

的無聊，他們就不會徘徊，所以能夠更直接地走向自己的心靈。

稻盛和夫認為，工作現場總是有神靈的，需要人用率真的心去聆聽他們的聲音。我們很多人在工作的時候可能都有過這樣的經歷：無論怎麼想辦法，反覆實驗不斷摸索，可是工作還是毫無進展，處處碰壁，無計可施。

其實當你認為已經無能為力的時候，事情才剛剛開始。這個時候，應該讓自己先冷靜下來，然後再去面對現實，重新進行審視，用率真、謙虛的態度對細枝末節重新進行調整、修改，或許這個時候就會有新的發現。

稻盛和夫說：「這可以說是物理性的再檢查，或者回歸初衷，但是，其實還遠遠不止這些。進而言之，是對產品和現場重新進行審視、體察、貼心、傾聽，這樣的話就可以聽見神靈的聲音。現場產品傳來喃喃細語告訴我們解決問題的訣竅『這樣試試如何？』這就是『傾聽產品的聲音。』」

當初京瓷公司在製作的陶瓷產品是不同於其他陶瓷器類的產品的，因為京瓷的產品是面向電子工業的，所以對於精度要求極高，哪怕是再小的尺寸差異或者是燒烤斑點都可能導致生產出的產品是瑕疵品，不能出廠。

有一次，京瓷公司在製作某種產品的時候，雖然在實驗爐裡進行了多次燒烤實驗，可是最後生產出的產品還是很粗糙。產品的表面不僅不夠光滑平整，而是就好像是烤魷魚似的，不是向這邊翹曲，就是向那邊翹曲。

雖然大家都明白這是因為衝壓的時候壓力大小不同導致產品上面和下面的粉末密度不一樣而造成的，可是實際上，要想將粉末的密度控制在一個固定的數值之內並不是一件容易的事情，而且經過多次的實驗，稻盛和夫都沒能取得成功。

為了解決這個問題，稻盛和夫最後決定打開爐上的窺視孔仔細觀察陶瓷是如何翹曲以及變化的。結果他發現隨著溫度的上升，產品就像生物一樣慢慢地發生翹曲。

稻盛和夫說：「當然，當時爐中溫度高達 1,000 多度，我是怎麼樣都不應該把手伸進去。但是明知這個道理，仍然不自覺想伸手進去。在我的心中，對產品的夙願竟是如此強烈！對於我付出的感情，產品給予了相應的回報。為什麼這麼說呢？是因為那時感覺到的『從產品的上面按壓住』的瞬間衝動實際上就聯想到解決方案了。後來，在產品上面加上耐火鎮石進行燒製，終於做出了沒有翹曲的非常平整的產品。」

透過這件事情，稻盛和夫最後得出一個結論：解決問題的答案總是在現場。為了得到答案，對待工作不僅需要有一股不服輸的高度熱情，而且還需要用率真的眼睛用心觀察現場。就在這種審視、傾聽、貼心當中，我們才能夠第一次聽到「產品對我們的私語」，找到解決問題的對策。

也許這些話更像是非技術人員說出來的論調，但是，正是因為這些率真的眼睛觀察，和真情實感的傾注，本應該的無生命現場的產品才有了「生命」，發出「無言的聲音」，於是，在「心靈感應」的那一瞬間事情就成功了！

稻盛和夫經常把反省的話大聲地說出來：「神啊，剛才的態度對不起了，請饒恕我吧！」並且會告訴自己不要再犯同樣的錯誤。因為稻盛和夫總是會像小孩一樣把反省的話大聲地說出來，所以聽見的人都會覺得他有些瘋癲。

其實正是這樣一顆率真的心讓他有了謙虛的姿態，讓他在人生的路上能將自己作為「終身學徒」，不斷地從頭開始，不斷地進步。

率真需要勇氣，更需要智慧。率真就是一種勇氣的表現，更是一種磨礪心智的實踐。因為率真，我們才可能變得謙虛，才可能進步。一個人能活得率真，那麼離他的人生最理想的境界也就不遠了。

▋抑制自身過度的欲望

欲望的無限制膨脹是人類道德敗壞的重要原因，也是吞噬快樂的最大殺手。無論做什麼工作，第一步就要學會做人，也就是培養個人高尚的道德。

常言道：「君子重義，小人重利。」不顧「義」追求「利」，見利忘義的人我們稱之為「小人」，因為他們為了滿足自己的欲望而不惜損害他人利益。所以，一個有道德的、品格高尚的人必須用正確的思想意識來克服人性當中的缺陷，讓自己的欲望不要偏離了正確的方向。

稻盛和夫說：「欲望、愚痴、憤怒這三毒是使人類苦難深重的元凶，是想躲也躲不掉、糾纏在人們內心而不可分離的『毒素』。」稻盛和夫認為，在生活當中為了欲望所迷失、困惑，這其實是人類的本性。如果放任自流的話，那麼人類就會在追求財產、地位、名譽的道路上無限制地跑下去，直到精疲力竭。

稻盛和夫曾經給他的員工們講述過一個釋迦牟尼用來比喻人類欲望的寓言故事，告誡他們要控制自己的欲望。

在深秋的一天，枯木瑟瑟當中有一位路人急急忙忙往家裡趕。突然，他發現自己的腳下散落了很多白色的物體，不知道是什麼。結果再仔細一看，原來是人的骨頭。

為什麼在這裡會有人的骨頭呢？這位路人不僅感到毛骨悚然，而且更覺得不可思議，他繼續前行，突然發現有一頭咆哮的猛虎向他迎面走來。

路人更是大吃一驚，原來地上散落的這些骨頭就是被這只猛虎吃掉的可憐的同路人的骨頭啊！這個路人一邊想著一邊慌忙轉身，朝反方向飛快地逃跑。結果他跑著跑著居然迷路了，出現在他眼前的是一處懸崖峭壁，

懸崖下面就是波濤洶湧的大海，但是在後面卻是步步緊逼的老虎。

就在進退兩難之時，路人爬到了一棵長在懸崖邊上的松樹之上，老虎也張開了大爪往松樹上爬。

就在這萬念俱灰之際，他看見眼前的樹枝上垂下了一根藤條，便順著藤條小心翼翼地溜了下去。可是誰也沒有想到，藤條的一端突然就斷了，路人被懸在空中，上不去，也下不來。而上面的老虎則舔著舌頭，虎視眈眈；而身後，就在波濤洶湧的大海上有赤、黑、青三條龍嚴陣以待，想要把他吃掉；藤條的那端還不時傳來了吱吱的響聲，路人抬眼一看，只見黑白兩隻老鼠正在啃著藤條的根部。

在這樣的情況下，這位元路人首先覺得應該趕跑老鼠，於是他試著搖了搖藤條。他感覺到有溼熱的東西掉在自己的臉上，他用手沾了一下，放到嘴裡嘗了嘗，發現原來是甜甜的蜂蜜。原來，藤條的根部有蜜蜂巢，所以每一次搖動就會有蜂蜜掉下來。

路人漸漸喜歡上了蜂蜜的甘甜味道，竟然忘記自己現在已經置身於窮途末路之中了，儘管處於龍虎爭食的夾縫中，而且唯一救命的藤條也正在被老鼠啃食，但是他還是一次又一次地搖晃這根救命繩索，陶醉於蜂蜜的甘甜中。

其實，稻盛和夫解釋道，故事裡的老虎就代表了死亡或生病；而松樹則代表著世上的地位、財產和名譽；黑白老鼠則代表白天和黑夜，也就是時間的推移；赤龍代表「憤怒」，黑龍代表「欲望」，青龍代表嫉妒、仇恨等「愚痴」，這也就是佛教所謂的「三毒」。

人類的本能會讓我們在不斷受到死亡的威脅和追逐的時候仍然執著於生命。可是，生命卻好像藤條一樣飄搖無常並不可靠。藤條經常會隨著時間的推移而消磨，我們年復一年越來越接近似乎已經逃離了的死亡，但

是，即使可以以縮短自己的壽命或生命為代價，但是我們仍然對「蜜」欲罷不能。

所以，在生活當中，要盡可能地遠離欲望。稻盛和夫說：「即使不能完全消滅『三毒』，也要努力自我控制並抑制『三毒』」。

那麼我們該如何消滅或控制「三毒」呢？

稻盛和夫認為，這其實並沒有什麼捷徑，只有靠自己平日裡勤勤懇懇地累積誠實、感謝、反省等「平易的修行」，或者是要求自己在平日裡面養成理性的判斷習慣。平時在面對各式各樣的判斷的時候應該經常問問自己：「這種想法裡是否有自己的欲望在起作用？是否混雜了個人的私心？」只有這樣，在下結論之前，可以先加上一個「理性的緩衝」時間，這樣就能夠做到不是出於欲望而是盡可能基於理性的判斷。

那麼人類為什麼可以用椰子殼活捉猴子呢？其實原因很簡單，就是因為猴子放不下心中的欲念。人們會在椰子上面挖一個小洞，把椰子掏空，然後朝裡面放進去一些食物。洞口不要太大，剛好能夠讓猴子的手伸進去卻不能握著拳頭拔出來。當猴子聞到食物的香味到椰子殼裡去拿東西吃的時候，這個時候獵人就可以輕輕鬆鬆地把猴子綁起來了。因為猴子不懂得要將手放開才能夠跑掉，它就執著於自己得到的食物。

人，只有將心中的欲念放下，才可以不受到束縛。孔子曰：「壁立千仞，無欲則剛。」崖壁之所以能夠屹立千丈之高，就是因為它沒有欲望才沒有偏袒。所以，人只有放開雙手，放下對欲望的執著，才能不被束縛。

稻盛和夫說：「抑制欲望和私心本身，就是接近利他之心。利他之心是人類所有德行中最高、最善的德行。」

一個人懂得抑制自己的欲望，這肯定是看到了他人的需要。但是如果當一個人僅僅是為了得到更多利益而暫時抑制了自己的私欲，這其實就不

能夠算利他了，仍舊是利己的行為。如果一個人能夠忽視自己的利益而時刻都想著他人，這樣就不會被自己的欲望所迷惑，於是才能夠消除心靈的汙穢，從而使靈魂得到淨化，美好的願望也才能得以實現。

所以，少欲知足，我們才能夠做一個快樂的自由人，才能夠做一個為他人服務的賢人，才能做一個不被名利束縛的聖人。

控制糟蹋人生的貪嗔痴三毒

稻盛和夫說「三毒」可以說是所謂的煩惱中危害人最深的元凶，也是讓人類急欲擺脫但是卻始終遠離不了的，根植在人類心理的毒素。而稻盛和夫所說的「三毒」，就是指最難對付的貪、嗔、痴，即貪欲、惱怒、愚痴。

我們每個人沒有一天能擺脫「三毒」的影響，只要是想早一天出入頭地，想要過比別人更好好的生活，那麼這種物欲和名欲就會充斥到我們每個人的心中。

除此之外，事情一旦不如願，原本的態度就會轉而變為憤怒，生氣自己為什麼無法如願，這樣的結果，就會導致我們開始嫉妒起願望實現了的人。所以，很多人時時刻刻都會受著欲望的牽引。

稻盛和夫先生認為，即使是小孩子也不例外。「就拿家中的孫兒來說，當我疼愛其中一個，另一個馬上就會露出妒忌的表情。即使是兩三歲的兒童也是這樣受著這種煩惱」。

可是我們反過來說，欲望和煩惱在有的時候也是刺激人類生存的動力之源，我們不應該全盤否定。只是人們在奮鬥的過程中夾帶了所謂的「劇毒」。從而深陷其中，無法自拔，導致一敗塗地。

所以，既然妒忌的欲望是一顆毒草，那麼就要盡可能遠離它，轉而將

真誠、感恩、反省等在每天的生活中腳踏實地去履行，並且能夠在日常生活中學會以理性的標準來做事情。

如果能夠這樣做事，那麼就能避免帶有欲望色彩的判斷，而做出偏向理性的判斷。稻盛和夫說道：「抑制欲望——抑制私心，也就等於利他的心。把自己的想法擱置一旁，而優先考慮別人的利益，我認為這樣的心是人類所有美德中最崇高至善的一種。」

有的時候我們把自己放空，多去為別人著想；把自己的事情能夠擺在一邊，竭盡所能為世間、為人類付出。當心中有了這樣的利他心之後，就能擺脫欲望的束縛。而且一旦有了利他的想法，那麼煩惱的毒害一定能夠徹底消除，受到欲望蒙蔽的心能夠重新展現美麗的念頭，然後才能刻畫出美麗的願望。

稻盛和夫還舉例說，在每一個經營者經過努力創建了公司，拚命努力獲得成功，最後自己的事業也按照自己的願望順利進展，公司也逐漸壯大的時候，這個時候就會面臨著各式各樣的判斷。

而此時就需要經營者做出準確的判斷，也就是需要做出一個理性的判斷，但是時常會有需要儘快解決、或者說是立即作出決策的事情。這個時候很多經營者就會憑著自己的本能，從而以得失、利害、感情好惡來進行判斷。

而且在作出判斷的時候，我們很多人都會以自我為中心考慮事情。這樣的結果就是也許會得到一時的成功，並且作為經營者還會洋洋自得，其實這個時候「三毒」就會擴展開來。人也會變得自私起來、不再謙恭，什麼事都只是想著自己，不可能再得到周圍人的支援，這樣下去公司就會逐漸衰敗。

當一個人一旦被欲望貫注全身，那麼就會在無形中被它控制，而欲望

的加深也會立即產生煩惱，為欲望得不到滿足而煩惱。

用稻盛和夫的話說，就是「肚子餓時湧出食欲；外敵入侵，即生怒火；因蒙昧無知、不明事理而滿腹牢騷。」如果我們放任不管，那麼三種煩惱就會攻上心頭。因為欲望可以控制人的靈魂。

所以，我們一定要學會克制自己，也可以說是要用自製力來消除自己的煩惱。克制自己的欲望，如果能夠做到這些，那麼不論是工作還是生活都將會是一帆風順。

稻盛和夫說，很多人在開創事業之初，都會勤奮努力，都能達到七八成的目標，但是，能堅持到最後的卻寥寥無幾。追究其原因，其實就在於很多人在透過自己的努力達到一定高度之後，就會開始放鬆自己，缺乏律己，自吹自擂，取得一點成績之後就忘記謙虛謹慎，開始忘乎所以了。

克制自己的欲望以及煩惱等三毒，我們就能夠為了家人而更加努力工作，幫助朋友，孝敬父母，就會逐漸開始懂得如何做人，如何發展事業。

而稻盛和夫之所以能夠將自己的事業擴展到全世界，就是因為他掌握了控制他內心 「三毒」的法寶。

▎最高尚的願望一定能帶來最理想的結果

俗話說：「世事不遂人願」。對於人生當中發生的很多事情，我們難免會這樣去看。但是，稻盛和夫卻認為，正是因為你認為「世事不遂人願」才招致的結果。就此而言，不如願的人生其實也正是你的心念而來的人生。

人生是思維所結的果實，這種想法已經構成許多成功哲學的支柱。根據稻盛和夫自身的人生經驗，也讓他堅定一個信念，那就是「內心不渴望的東西，它不可能靠近自己」。也就是說，你能夠實現的，只能是你自己內心渴

望的東西，如果內心沒有渴望，那麼即使能夠實現，也是實現不了的。

稻盛和夫說：「內心的願望和渴望就原模原樣地形成了現實中的人生。」在想要做成一件事情之前，首先就應該想想自己要這樣做或那樣做，並且願意付出比其他任何人都強烈、甚至是粉身碎骨的熱情，這才是最為重要的。

四十多年前，稻盛和夫第一次有幸聆聽到了松下幸之助的演講。當時松下幸之助並沒有像後來那樣被神化，也不過只是一個無名中小企業的經營者。

在松下幸之助的演講當中講到有名的「水庫式經營」。一旦下大雨，還沒有建水庫的河流就會發大水、產生洪澇災害；而持續日晒，河流就會乾涸，水量就會不足。所以，建水庫蓄水，能夠讓水量不受天氣和環境的左右，並始終保持一定的數量。而在經營方面也一樣，景氣的時候更要為不景氣的時候作好儲備，應該保留一定的後備力量。

在場的人在聽了這樣一番話以後，聚集著數百名中小企業家的會場裡就發出了不滿意的聲音，但是坐在後方的稻盛和夫卻聽懂了。

結果有人抱怨道：「你說些什麼呢？不正是因為沒有儲備，大家才會每天揮汗如雨、惡戰苦鬥的嗎？如果都有了儲備，那麼誰都不用這麼辛苦。我們現在是在想如何去建造這個水庫，而你再三強調水庫的重要性，又起什麼作用呢？」

會場當中到處都能夠聽到這樣的牢騷或交頭接耳的聲音，最後等到演講終於結束，開始答疑時間，立即就有一個男士站起來不滿地提出質問：

「如果能夠進行水庫式經營當然是很好的，但是現實上是不能。如果不能告訴我們怎麼樣才能進行水庫式經營的辦法，那還值得說嗎？」

對於這樣的質問，松下幸之助溫和的表情當中露出一絲苦笑，沉默了

一會兒。然後解釋道:「那種辦法我也不知道,但是我們必須要有不建水庫誓不甘休的決心。」這個時候,全場更是啞然失笑,幾乎所有的人都好像對松下幸之助不是答案的答案感到失望。

但是,稻盛和夫既沒有失笑,也沒有失望。相反的,他受到似乎像電流擊穿身體一般的大衝擊,既茫然若失,又驚嘆不已,因為松下幸之助的話對稻盛和夫來說簡直就是真理。

「誓不甘休」,松下幸之助的話告訴了稻盛和夫「誓願」的重要性。當然,修建水庫的方法肯定是因人而異的,不能千篇一律地告訴別人如何做。但是,首先必須樹立修建水庫的信心,而松下幸之助一定是想說信心就是一切的開端。

也就是說,如果沒有強烈的願望,那麼就「看不到」辦法,成功也就不會向我們靠近。首先需要有強烈的願望,這是非常重要的。只有這樣,願望才能成為新的起點,最終一定能夠成功。

不管你是誰,人生就好像你內心描繪的一張藍圖,而願望就是一粒種子,是在人生這個庭院裡生根、發芽、開花、結果的最初的、也是最重要的因素。

稻盛和夫碰巧在松下幸之助的躊躇裡,感覺到時隱時現貫穿我們人生的真理,而且,在後來的實際生活中,稻盛和夫也把它作為真實的經驗準則,學習它,掌握它。

但是,為了實現理想,只是一般的願望是不行的,「強烈的願望」是非常重要的,不是盲目地想「如果能夠那樣就好了」,這顯然不是成熟的想法,而是應該抱有強烈的願望,廢寢忘食地渴望著、思考著,讓自己的全身上下,從頭到腳尖都充溢著這個願望,就好比是身上劃破後流出來的是「願望」而不是血一樣。

稻盛和夫說：「必須有強烈的願望，堅定不移的信念，這是使事業成功的原動力。」

具備同等能力，做出相同程度的努力，有的能夠成功，有的以失敗告終。那麼這其中的差別是什麼呢？人們往往容易把原因歸結於命運、運氣，其實主要還是因為願望的大小、高度、深度、熱度的差別而造成的。

也許有人根本不認同這樣的說法，但是，廢寢忘食地渴望、思考並不是一種簡單的行為，你必須持續擁有強烈的願望，並且能夠在不知不覺當中把它滲透到潛意識裡去。

總之，不僅僅是一而再，再而三地產生某種強烈的願望，希望這樣或是希望那樣，而是能夠在大腦當中反覆進行模擬實驗，心中推演出種種邁向成功的過程。

▎勤奮認真工作能產生發自內心的歡喜和快樂

稻盛和夫說：「為了使事業成功、人生充實，勤勉是不可或缺的。透過這樣的勤勉，人們就可以獲得豐富的精神和厚重的人格。」換句話說，一個人想要提高自己的心性和人格，並不需要進行專門的修練，只要在平時的生活和工作當中，勤勤懇懇、踏踏實實地扮演好自己的角色就可以達到修練人性的目的。

稻盛和夫還告訴我們：「勤勉就是指拚命地工作，認真、努力而專心致志地工作。」他認為，能讓我們由衷地感到快樂的就是工作。因為擁有工作才能夠讓人生變得更加充實，讓人能夠體會到快樂。所以，只有認真、努力而勤奮的工作，才能夠克服痛苦和辛苦取得成功，這樣自然也會給我們帶來成就感，而這種成就感具有無可替代的喜悅。

在稻盛和夫眼中，不論是工作要獲得成功，還是生活要過的更加美

好，努力、勤奮是非常重要的。稻盛和夫在創辦京瓷公司的時候只有 27 歲，他當時根本就不知道自己應該如何進行經營和管理，但是他卻知道應該拚命工作，因為只有這樣才能夠用努力換來公司的生存，才能夠保障員工的生活，所以稻盛和夫從清晨工作到半夜一兩點是常有的事情。

稻盛和夫自己也曾經坦言，正是因為有了這樣的勤奮努力，京瓷公司才有今天的輝煌。而就在人們一次又一次地向稻盛和夫請教管理有方的經營訣竅時，他說：「除了拚命工作之外，世界上不存在更高的經營訣竅。」

全身心地投入到工作中，用努力和汗水換取成功的果實，這就是亙古不變的真理。相反，如果不思進取，那麼自然就會被不斷進步的社會激流所淹沒，而這也是生存在現今社會當中應該時刻保持的危機感，這也是我們每個人對待生命的使命感，因為盡職盡責地工作已經成為了一切生命都要承擔的義務。

著名數學家華羅庚有一句名言：「勤能補拙是良訓，一分辛勞一分才。」天資笨拙的人是完全可以透過勤勞來彌補自己天資上的不足的，只要付出一份辛勞就會有一份回報。

勤奮是我們能夠得到卓越成就的一種保證。在稻盛和夫看來，我們應該用付出不亞於任何人的努力來對待工作，稻盛和夫說：「勤勉能使我們達到『精進』的境界，如果有閒工夫抱怨不滿，還不如努力前進、提高，哪怕只是一公分。」

日本棒球選手鈴木一郎就是透過勤奮和努力的訓練達到專業領域頂峰的人。他從小學就開始參加棒球訓練，可以說一天都沒有休息過，每天都在反覆進行著擊球動作的訓練，以至於鈴木一郎在高中的時候就敢說：「你要我打，我就能打。」

而在稻盛和夫眼中，這句話並不是鈴木一郎的傲慢與自誇，這是因為

鈴木一郎的勤奮和努力造就了他的能力，也正是因為鈴木一郎這樣的努力才能夠成就他今天的輝煌。

偉大的科學家愛因斯坦在 3 歲的時候才開始學說話，比他小兩歲的妹妹當時甚至都已經能夠與鄰居孩子交談了，可是愛因斯坦說起話來的時候還是支支吾吾，前言不搭後語的。最後直到 10 歲的時候，父母才送愛因斯坦上學。

在學校裡，同學們會經常嘲笑愛因斯坦是一個「笨蛋」，老師也經常斥責他的遲鈍。愛因斯坦並沒有因為這些而放棄學習，有的時候他為了弄明白一個問題，就會花上比別人多一倍，甚至是好幾倍的時間。也正是因為這種勤奮和努力的好學精神，才讓愛因斯坦學到了比同齡人更多的高深知識，並且逐漸在物理方面表現出了少有的天賦。最終勤奮和努力讓愛因斯坦在物理學方面取得了卓越的成就，成為世界著名的物理學家。

全世界對於日本人的高效、守時和勤奮、努力是眾所周知的，「勞動才是磨鍊人格精進的手段」這樣的思想已經牢固地根植在了日本每個人的心裡，他們認為工作比玩樂更幸福，他們找到了「勞動的尊嚴」。所以，他們總是能夠在單純的勞動中加進自己的創意技巧，能夠在工作當中體會到快樂。勤奮和努力不僅可以讓人們體驗到工作的成就感，甚至在有的時候還可以讓人獲得更多意外的驚喜。

從前，有個農夫，住在一個偏僻的小山村裡，生活很是貧窮，只有一塊很小的田地。但是他卻非常珍惜這片小田地，每天都在田地上勤勞地耕種。

有一年，他的收成不好，到了春天播種的時候，他只剩下一點點種子了，於是他就把這僅有的種子視為珍寶，所以在播種的時候非常仔細和認真，生怕丟失了任何一粒種子。

但是他還是不小心把一粒種子撒到了樹洞裡，農夫心疼地拿著鏟子開始挖樹洞，希望能找回遺失的那粒種子。

當時天氣很熱，農夫也非常累，汗水這個時候沿著他的脊背和臉頰淌了下來，但是他依然沒有停下挖樹洞的工作。終於，他找到了那顆種子，同時，他還發現了一個盒子，而他的種子就躺在這個盒子上。他撿起種子後，打開了盒子，沒有想到盒子裡面居然裝滿了黃金，這些黃金足夠讓他輕鬆地度完一生，從此之後，農民一下子變得富有起來，但是他每天依然不忘記勤奮和努力的勞動。

稻盛和夫說：「上帝會同情那些吃苦耐勞、拚命工作的人，並會向他們伸出援助之手。」他常常鼓勵員工：「加油！加油！直到上帝都想伸手支援為止。」

其實，所謂「天道酬勤」就是這個道理。勤奮和努力可以為我們人類創造豐富的內心世界，讓人們在工作中逐漸地成長起來。勤奮和努力也可以讓複雜的工作變得簡單起來，讓人在簡單中享受工作的快樂，也可以讓一個人的人生變得更加有意義。

親身實踐釋迦牟尼佛所說的「六波羅蜜」

我們從修佛的角度來看，要想接近開悟的境地，那麼就要實行「六波羅蜜」，這就是菩薩道，是磨鍊心志、淨化靈魂不可缺少的修行。具體有以下六項：

布 施

具備能夠為世人、為社會盡力的利他之心。先人後己，關愛別人，要抱著這種意識度過人生，這一點是非常重要的。

所謂布施，最初的意思就是施捨，換句話說，即使付出自我犧牲，也要為眾人盡力。如果不能夠這麼做，至少也要具備這樣一顆與人為善的心。心中充滿關愛他人的善念，其實我們就能夠提升自己的心性。

熱心幫助別人，解困濟危，這也是古往今來做人處世的一條重要原則。對你來說，哪怕是發生在別人身上的事情再微不足道，我們該援手幫助的時候也要盡己之力援助。

有一則蘇東坡救急的故事：一天，杭州太守蘇東坡碰上了一件棘手的案子。原告說被告欠他十千錢，結果一年過去了還不還；而被告說，今年由於天氣不熱，賣扇的生意不好，實在還不起。

蘇東坡太守了解到原來這兩位交情不錯，可是現今卻因為欠帳而對簿公堂、撕破了朋友臉皮而感到很是惋惜，於是他就詢問被告賣的是什麼扇子，欠了人家一共多少錢。

被告一一如實回答道：「賣的是絹制四扇，有各種顏色，上面畫有山水或花鳥，有的什麼也沒畫，等到買主需要的時候再現畫；我除了欠原告十千錢外，還欠另一個人八千錢。」

蘇東坡略作沉思之後，就讓賣扇人趕緊回家拿幾把沒畫的白色絹扇來。被告拿來扇子後，蘇太守在公案上展扇作畫，刷刷點點，石竹草木畫，龍飛鳳舞字，出現在眾人面前。

不一會兒，20把扇子畫完，蘇東坡將扇子交給那賣扇人，囑咐他：「快拿去賣吧，要一千錢一把」。果然，大堂外面原來等候了許多看打官司熱鬧的人，這個時候聽說太守親自為一個窮賣扇的畫扇面兒，那些富家子弟及喜歡收藏字畫的人早就等不及了，賣扇人一出來，扇子就被搶購一空。

就這樣，賣扇人還了原告的錢，又留下八千錢去還另一個人的錢，並

且還將剩下的兩千錢返回大堂交給蘇太守，並連連磕頭致謝。

但是蘇東坡卻把錢塞到他手裡，哈哈大笑道：「這錢你拿回去補貼家用吧！」在蘇東坡的拒辭下，賣扇人含淚辭別太守走了。

蘇東坡之所以能夠畫扇解困，就是因為他有視民如子的高尚品格，事情雖然很小，可是卻體現了他崇高的美德和美好的心靈。

在這個世界上，有許多有善心的人，積小善而成大善，幫助了許多需要幫助的人，使這個世界充滿了關愛、友好和溫暖。

羅曼·羅蘭說：「善良不是一門科學，而是一種行為。」換句話說，要表明你的善良之心，千萬不能只停留在口頭上，你要去做出來。

在現實生活當中，有許多事情是非常小的，但是我們千萬不能小看這些事情，有的時候也許就是因為這些小小的善事，因為你做了而讓你生命變得更加美麗，讓你的生活更加充實，是你曾為做過這小小的事情而讓自己的心靈和情感得到了慰藉和昇華。

持戒

這一條就是在強調遵守戒律的重要性，作為人不可為的惡行必須戒除。當然，我們每個人抱有各種煩惱，很難擺脫「貪、嗔、痴」這三毒的糾纏，也正是因為如此，稻盛和夫才說：「必須著力抑制這類煩惱，控制好自己的言行。不要貪心，不要猜忌，不要嫉妒，不要憎恨……抑制上述欲望和煩惱，就是持戒。」

精進

無論做什麼都應該做到全神貫注，全力以赴，這離不開我們的努力。但是這種努力，必須要做到「不亞於任何人」的程度。

忍辱

不屈服於苦難，能夠忍得住痛楚。人生本來就是波瀾萬丈，我們活在這個世界上，會遭遇各種艱難困苦，但是我們絕不能被它們擊垮，絕不能逃避，一定要硬著頭皮頂住，努力做好自己該做的事情，這樣才能夠鍛鍊我們的意志，提升我們的人格。

禪定

浮躁的社會，緊張的工作，快速的節奏，當我們在這樣的氛圍中，往往無暇深入思考問題。但是正因為這樣，至少每天一次，我們都應該靜下心來，集中精神，直視自我，將動搖之心鎮定下來。其實，說道禪定我們並不必打坐，也不必冥想，在忙碌之中，騰出片刻工夫，靜心養性。

智慧

稻盛和夫說：「實行上述布施、持戒、精進、忍辱、禪定五項修練，就可以理解宇宙的『智慧』，就是達到開悟的境界。」

稻盛和夫認為，當到了那個時候，就能夠接近主宰天地自然的根本規律，也就是宇宙的真理，換句話說，就更加接近釋迦摩尼所說的「智慧」。

▌盡心盡力做好自己應該做好的事情

熱情是開啟通向成功之門的鑰匙。戴爾‧卡耐基就曾說過：「熊熊的熱忱，憑著切實有用的知識與堅韌不拔，是最能造就成功的品性。」愛迪生也表達了同樣的感受：「在人類歷史上，每個偉大的決定性時刻，都是某種熱情的勝利。」同樣，稻盛和夫也告訴我們：「熱情是成功和成就的

源泉。你的意志力和追求成功的熱情越強，成功的機率就越大。」

　　那麼為什麼熱情對於能否取得成功如此重要呢？原因就在於熱情是一種可貴的精神狀態，它能夠激發一個人向成功前行的潛在能力，能夠讓一個人在任何時候都集中意志力，盡心盡力做好事情。

　　稻盛和夫在創立了京瓷公司之後，總是接受一些高難度的技術專案，而且都會在一段時間的努力之後獲得成功，在當時，這些專案是其他很多一些大公司都不敢接手的。而稻盛和夫之所以能夠完成這些超出當時能力的專案，原因就在於京瓷發揮了它的潛意識力量。

　　稻盛和夫認為，他們創造的這些奇蹟，即使是最普通的人也能創造出來。在稻盛和夫看來，熱情是可以激發出潛意識的巨大力量。在常規的認知層面上，一般的人是無法和天才相互競爭的。可是，大多數的心理學家卻認為，潛意識的力量要比有意識的力量巨大許多。

　　當我們讓自己充滿光和熱，那麼我們的熱情自然就會感染周圍的人。在稻盛和夫的人生方程式當中，熱情只是三要素之一。換句話說，如果一個人沒有追求成功的熱情，那麼即使他擁有極高的天賦，那麼他的人生與事業的結果也往往注定會成為零，甚至是負數。

　　對於一個人來說，能力完全是可以透過外在的力量來加強的，但是熱情卻完全來自一個人的內心。稻盛和夫說：「你如果擁有熱情，便幾乎所向無敵了。要是你沒有能力，還是可以使有才能的人聚集到你身邊來。假如你沒有資金或者設備，但有說服別人的激情，別人也會回應你的夢想的。」

　　我們也許會發現，那些成功學的激勵大師，他們總是能夠激情飽滿，因為他們需要用這樣的狀態去激發別人追求成功的熱情。

　　稻盛和夫告訴我們，熱情其實就是一種狀態，雖然要求一天 24 小時

保持清醒的意識進行思考這也許有點強人所難，但是，有這種專注卻是非常重要的。

　　一個人擁有了熱情，就能夠讓我們把很多不可能變成可能。如果擁有了強烈的熱情，那麼我們的欲望就會進入到潛意識當中，使我們無論在清醒的時候，還是在睡夢中都能夠集中心志。

　　每一位開創一番事業的企業家，他們都會懷著滿腔的熱情去憧憬事業的成功。在開闢新路的過程當中，遇到暗藏的險惡與困難當然是在所難免的，但是他們成功了，因為他們相信自己，並且以永恆的熱情去追求目標。

　　稻盛和夫曾經用跑馬拉松來比喻他自己的事業，如果說「熱情」是短跑衝刺的速度，那麼京瓷公司就好像是一直在馬拉松的賽道上用短跑衝刺的速度前進的運動員。儘管京瓷公司在陶瓷領域屬於後起之秀，但是那些歷史悠久、起步在先的企業卻被京瓷一個個超越。現在京瓷已經發展成為了全球首屈一指的精密陶瓷製造商，而這一切，這正是稻盛和夫帶領全體員工用熱情和努力換回來的成果。

　　在有的時候，我們的人生就像是一場戲，而每一個人都是自己戲裡的主角，如何才能扮演好自己的角色呢？曾經有這樣一則寓言：

　　有一個自命不凡的人，一直都為自己沒能夠得到重用而耿耿於懷，於是在每天的工作中，他不僅沒有熱情，而且態度也不認真。

　　有一天，他去找上帝，質問上帝說：「為什麼命運對我如此的不公？」上帝並沒有直接回答他的問題，而是撿起了一顆不起眼的小石子扔在卵石堆中，說：「你去找回我剛才扔掉的那個小石子。」結果這個人爬上石堆上面苦苦地尋找，卻怎麼也找不到上帝丟的那顆小石子，最後只能夠無功而返。

　　這個時候，上帝又拿起了一枚戒指，同樣扔到了剛剛的那堆亂石上，然後說：「你去找回剛才扔掉的那枚戒指。」結果這一次，這個人很快就找到了。

　　上帝並沒有說什麼，但是這個人已經醒悟了。無論什麼時候，我們都要認真去對待工作和生活，都要抱有熱情。當自己還僅僅是一顆小石子，而不是金子的時候，我們就更不要去抱怨什麼了。

　　稻盛和夫說：「缺乏認真和熱情，懶惰鬆弛地度過人生，沒有什麼比這更浪費的了。為了使人生這臺戲內容厚重而充實，就必須竭盡全力地認真度過每一天的每一個瞬間。」

　　稻盛和夫認為，人的類型和物質的類型都是一樣的。物質當中有靠近火就能夠燃燒的可燃性物質，以及縱使靠近火永遠也不能燃燒的不燃性物質，還有就是在一定條件下自身就可以燃燒的自燃性物質三種。

　　同樣的道理，人也能夠分成三種類型，即不需要周圍的人要求就擁有熱情的人、需要他人給予熱量才能夠擁有熱情的人，以及即使周圍人給他能量，但是他也沒有熱情的人。

　　在現實生活當中，有很多人的能力是非常出色的，但是因為缺乏熱情和激情，最終沒有能夠一展才華，讓人生以失敗而告終。如果說能力是油的話，那麼熱情就好像是火，沒有火的點燃，油就不可能燃燒起來。

　　當然，熱情也是具有方向性的。稻盛和夫認為：「真正的熱情常能帶來成功。但如果熱情是出於貪婪或自私，成功便如曇花一現。」所以稻盛和夫常常告誡那些只圖一時「成功」的人：「能否成功，最後還是要看我們潛意識裡的欲望是否單純。最理想的情況莫過於我們摒棄自私，凡事助人為樂，並單純地希望增進人類和社會的福祉。」

應重新思考勞動和勤奮的價值

　　稻盛和夫曾經說過這樣的一個故事，日本文學家內村鑑三在他的著作《具代表性的日本人》中曾經介紹過日本的土地改革家二宮尊德 (1787-1856)。

　　二宮尊德既沒有學歷也無資產，只是一個農民。十六歲的時候父母雙亡，二宮尊德的伯父收養了他，從此，他每天從清晨到深夜都像小奴僕一樣不停地勞作。

　　由於只有深夜的時間可以利用，渴望學習的二宮尊德就點著油燈努力用功讀書，結果伯父卻責罵他「浪費燈油」。沒有辦法，他挑燈夜讀的希望破滅了。

　　儘管如此，二宮尊德仍然沒有放棄學習，經常頭頂著晨星或者滿天星空的夜晚勤奮工作，再利用白天上山砍柴或割草時，一邊走路，一邊讀書。

　　長大之後，二宮尊德一直拚命地工作，並且過著節儉的生活，利用自己的積蓄將父母的田地買回，並且在農業上有了非常優秀的表現。

　　當地的領主聽說了他的能力，請他負責協助政府振興那些貧窮的農村，從而使他的聲名遠播。

　　晚年的時候，二宮尊德甚至接受德川幕府委託從事治水工程和產業輔導工作。此時的二宮尊德已經可以和其他的諸侯並坐在宮殿當中了。而且，據說他的言談舉止、宮廷禮儀都非常端正，不少同座的高官還以為他出身於高貴的大戶人家。

　　稻盛和夫之所以講這個故事，主要是在強調：二宮尊德原本也是一個平凡的農夫，從來也沒有機會學習宮廷禮儀，每天只是從早到晚不停地耕

地勞作，但是卻能夠將自己的心智磨鍊到此種程度。換句話說，人如果非常努力地工作，不但可以得到生活上需要的糧食，也可以借此磨鍊自己的心靈。

稻盛和夫認為，透過勞動塑造人類的心智，對現代日本人而言格外重要。

因為稻盛和夫認為，在第二次世界大戰之後，日本社會漸漸確立了「提供時間、換取報酬」的勞動價值觀，認為勞動的主要目的就是為了得到金錢。

而勞動本來的目的應該並非只是為了獲得報酬，特別是在貧窮的時期，勤於勞動還可以控制自己的欲望，比如想休息、想偷懶、想玩樂等欲望，透過控制欲望，就可以鍛鍊人的心智。

但是問題在於，眼前的社會過於富裕，有很多人已經沒有必要為了獲得糧食而勤勞工作了，只要打零工就足以維持生計，因此，很多人開始拒絕被固定的工作綁住，寧可成為打工族也不願意到企業就職。更極端的是，有些人在高中畢業之後就開始閒置在家，既不想就學也不想工作，而是選擇繼續靠父母幫助來生活。

稻盛和夫發現，很多年輕人過了二十歲還待在家中，與此同時，青少年犯罪的案件也逐日增加。而且他相信，這些年輕人從來都沒有透過勞動來磨鍊自己的人性品格，這是造成他們犯罪的主要原因。

就好像釋迦牟尼在「六度波羅蜜」中強調精進的重要性一樣，稻盛和夫也認為勤奮地勞動可以鍛鍊頭腦、培養心智，這也就是達到開悟之前的必經過程。

總之，勤於工作的人不僅可以得到足夠溫飽的生活資源，也可以抑制過多的欲望，並且磨鍊、淨化自己的心靈和頭腦。

　　勞動具有的機能就在於此，因為世人已經忘記了勞動的重要性，眼前的社會和人心，才舍荒廢到這般地步。可是，時代與社會每天都在不斷地發生著變化，人類已經沒有辦法回歸到古代社會。所以，稻盛和夫認為，我們的注意力應該放在如何改善社會因為過於富裕而喪失精進的問題。

　　而且事實表明，在貧窮的時代，人類努力工作的原因確實是為了得到生存所需要的糧食；但是如果將勞動的目的僅僅局限在取得糧食上的話，那麼到了物質豐盛的時代，人們一定會失去勤勞的精神，所以，我們有必要重新為勞動找出新的意義。

　　稻盛和夫認為：如果每個人都勤奮努力，就能夠培養出美好的心智，讓人類變得更完美。

　　唯物論可能把人當成各種事物中的一種來看待，但是稻盛和夫總認為這樣的理論或許是錯誤的。

　　就好像先前所引用的佛教教義所示，佛陀勸人精進，因為從精進中可以磨鍊人的心智。所以，稻盛和夫一直以來都想呼籲的是，首先我們必須找出勞動的真正意義，對人類而言，這才是比較正確、也比較符合自然的做法！

　　如果能夠依此概念而行，努力工作並將獲得的成果分享給貧窮國家的人民，這樣的行為就是釋迦牟尼所說的「布施」。即使我們不能直接送達，也可以透過其他的援助機構去援助貧窮國家。

　　而我們能夠將富裕世界多餘的物資送給貧窮的國家，拯救更多生命，這本來就是一件最具愛心、最應該做的事。這樣的「布施」行為，自然就能夠讓勞動的價值提升好幾倍。

　　稻盛和夫說：「我相信，能夠努力勤奮工作，並將勞動的成果分享給其他國家的策略，比花大錢去購買軍備或締結各種和平條約，更能夠提供

給國家安全有力的保障，因為任憑誰也無法欺侮擁有這種行為和思維的民族。我想，這樣的民族無論走到哪裡都應該獲得推崇和尊敬！」

而且他也衷心希望日本能變成這樣的國家，同時稻盛和夫還認為，這才是 21 世紀的日本應該呈現的樣貌。

要明白公私分明，更要懂得貫徹落實

記得有一年，那時京瓷已經發展成了一定的規模，公司離的董事有公事要外出，可以乘坐配備司機的專車。當時有個董事下班回家想用車，而總務人員認為他會忙到很晚，臨時將車子派給急用車的營業部長。這個董事知道這件事後大怒，在他看來，一個小小的營業部長根本不配用公司專車。這件事被稻盛和夫知道了，他將那名董事叫到了辦公室裡，語重心長地對他說：「不是因為董事有什麼了不起才配備專車，專車是為了讓擔負重要工作的人不必要因為交通工具等雜事費心，以便將心思集中在工作上。你好好想想，一個時間一到就想著回家的董事，哪有資格對著在外奔波忙碌的部長發火？」

雖然董事權力比較高，但專車畢竟是公司的，而並非私人所有，這不但是原則，更是道理。人在登上高位之後，對很多理所當然的變得視而不見。

在創業之初，京瓷公司用車為一輛小型摩托踏板車，稻盛和夫自己開，之後又買了一輛斯巴魯 360 小車，也是稻盛和夫自己開，但是由於他每天滿腦子拳師工作、公司上面的事情，怕開車的時候分心，於是雇傭了一名司機。

沒過多久，公司就換了一輛大車，司機每天接送稻盛和夫上班，一天早上，車子剛好到家裡接他上班，他的妻子有事準備出門，稻盛和夫隨口

說道：「反正順路，送送你吧。」沒想到妻子卻拒絕了，她說道：「如果咱們的私家車我可以搭，可這是公司的車，不能因為順路就將公車私用，你以前不是也說過類似的話嗎？公私一定要分明，所以我走路過去。」

妻子的一席話讓稻盛和夫啞口無言，他也因此做了深刻反省。有些事表面上看起來微不足道，但事情都是知道容易，實施卻難，堅持實行是非常不容易的。

原理原則是正確、堅強的源泉，也是很容易被人忽視的，應當時刻用它來勉勵自己，否則會被束之高閣。正是因為如此，必須時刻保持一顆反省之心，對自己的所作所為自省自勉。而且把這一條也放到原理原則中去，非常重要。

每個人都知道公私分明，但更多的時候，更多的人卻難以做到公私分明，尤其是權力更高的人，往往會被權力衝昏頭腦，認為自己已經坐在某個位置上了，用些「公」不會有人說什麼的。豈不知，你的一舉一動都被公司上下看在眼裡，可能表面上不說什麼，甚至會認為理所當然，但是這種影響是非常不好的，它會產生一種負面效應，讓公司上下的員工認為只要坐到了你的位置就可以用「公」而省「私」當然了，這種認為無疑會對公司不利。

不要總是打著「公私分明」的口號去「假公濟私」。有時候，公和私之間確實有些微妙之處，讓人難以看清什麼是公，什麼又是私，而正是在這些微妙的地方，讓人不自覺地將公、私混淆了。

即便是稻盛和夫這樣做事嚴謹的人也曾公車私用過，可見公私之間一旦稍有差池就會鑄成錯，只有一直將公私牢記於心，秉承著公私分明的做事態度，並將其貫徹實施，才能將那微妙的間隔越拉越大，真正做到公私分明。

第五章
人生應以利他心度過

▌利他是人們自然就具備的美好願望

　　稻盛和夫一直以來都提倡企業經營利潤要來自於社會，也應該用之於社會的思想。這種對「利他」理念的徹悟，盡自己最大的力量為社會和世人服務的精神也被稻盛和夫當做人生當中最大的價值。我們每個人只能夠活一次，所以，他認為在這唯一的一次人生當中，最高的價值就在於「為社會、為世人」盡力，哪怕只能盡一些微薄之力。

　　稻盛和夫提出，在評價一個科學工作者的時候，不能夠只看他的學問或者業績，即使他沒有傲人的成果，但是只要他具備高尚的人生觀、人生哲學，而且只要他「為社會、為世人」做過貢獻，他其實就是成功的，那麼他的靈魂就應該榮獲勳章。

　　稻盛和夫說：「在死亡到來之際，我們應得的勳章，不是因為研究成果，更不是因為財產和名譽，而是在現世，在僅有一次的人生中，我們做了多少好事，這才是授予我們靈魂最好的勳章。」

　　稻盛和夫在京瓷公司發展壯大之後，並沒有獨享這些成果，而且在基於回報他人和回報社會的考慮下，稻盛和夫拿出了自己擁有的一部分京瓷股份，設立了「稻盛財團」。「稻盛財團」設立的初衷就在於以財團主辦的「京都獎」表彰的形式，褒獎那些為社會和他人做出貢獻，特別是在尖端技術、基礎教育、思想藝術方面做出傑出成就的人。

　　稻盛和夫創設「京都獎」的目的其實有兩個：一個就是他一直以來都宣導的利他思想，也就是把「為他人為社會做貢獻」看做是人生在世的最高的作為，希望能夠報答和哺育自己成長的人類和世界；而另一個目的就是希望能夠給那些埋頭苦幹的研究者們一種動力，希望透過表彰那些為人類的科學、文明和精神做出顯著貢獻的人士，從而促進這些事業在今後的

不斷發展。

只有科學的發展與人類精神的深化這兩者之間能夠得到相互的協調，那麼人類的未來才會有安定的前景。這也是稻盛和夫一直深信不疑，並堅持為之付出努力的原因。

正是因為稻盛和夫為社會慈善事業做出了很大的貢獻，所以他才會受到了人們的高度評價。

在 2003 年，稻盛和夫被卡內基協會授予了「安德魯·卡內基博愛獎」。在發表獲獎感言時，稻盛和夫說出了下面的這番話：

「我是工作『一邊倒』的人，我創辦了京瓷和 KDDI 兩家企業，並幸運取得了超出預想的發展，也累積了一大筆財富。我對卡內基說的『個人的財富應該用於社會的利益，這句話十分認同。因為自己以前也有這樣的想法，財富得於天，應該奉獻於社會、奉獻於人類，因此我著手開展了許許多多的社會事業和慈善事業。」

而所謂的「君子愛財，取之有道」，稻盛和夫也是非常積極推崇這一思想的。他強調用正確的方法獲得財富，而這種「有道」的財富又必須有合適的用處。於是稻盛和夫就提出「君子疏財亦有道」的理念。

從稻盛和夫創建的京瓷公司及 KDDI 公司的長足發展我們可以看出，稻盛和夫的利他經營哲學思想是具有長遠意義的可行性的經營策略。而這種「利他經營」的經營哲學思想中，反映的正是一個企業家正直無私的經營精神。正是在這樣的和諧雙贏局面當中，稻盛和夫同時也取得了員工的信賴，取得了社會的信賴，可以說，這也是一條企業通向成功經營的道路。

▎具備盡力為他人效勞的心態

　　稻盛和夫將人心分為利己之心和利他之心兩種。一切為了自身的利益而生活、工作的思想就是利己之心；而為了幫助別人，可以犧牲自己利益的思想這就是利他之心。

　　作為一個成功的經營者，稻盛和夫主張把「利他之心」作為企業經營的指導思想。稻盛和夫認為，「利己經營」雖然沒有道義上的不當之處，但並不是企業長遠發展的經營策略。當然，稻盛和夫並不否認人都有利己的一面，不能說有想賺錢的想法是不好的。但是稻盛和夫也曾經指出，要想拉著大家跟自己走，跟著自己好好努力，僅僅想著自己賺錢那肯定也是不行的。如果想要鼓舞大家的士氣，引導人們能夠隨著自己的步伐前進，那麼就必須有一個更高層次的大義名分，也就是「利他精神」。

　　稻盛和夫說：「利他的德行是克服困難、召來成功的強大動力。」

　　那麼，到底什麼是「利他精神」呢？孔子曰：「夫仁者，己欲立而立人，己欲達而達人。」其實意思就是說，仁德的人，自己想成功首先就應該讓別人能成功，自己做到通達事理首先也應該讓別人也通達事理。

　　稻盛和夫對於這一觀點進一步詮釋道：「這裡所說的『利他』，不僅是一種方便的手段，其本身就是目的。為了集團，為了達到讓大家都能幸福的『利他的目的』，才具有普遍性，才能得到大家的共鳴。而任何『利己』的目的，最多只能引起一小部分人的同感，但加上『利他』，就有了普遍性，能引起大家的共鳴。正是在這個意義上，要想搞好經營，就必須是『利他』經營。」換句話說，作為一個企業，想要獲得利益，無論是服務別人，還是協作分工，這些都離不開「利他」。「他」不立，那麼企業又何以得立呢？

開創事業，從商經營，我們就應該本著至善的心，這就是稻盛和夫一直宣導的經營思想。稻盛和夫說：「抑制欲望和私心，就是接近利他之心。我們認為利他之心是人類素有的德行中最高、最善的德行。」稻盛和夫從「利他」的角度，將企業當中的經營者定義為「三好商人」，也就是對客戶好，對社會好，對自己好。

稻盛和夫認為成為「三好商人」這才是商人從商的精髓，也是從商的極致，更是企業家的使命。

稻盛和夫繼創立京瓷之後，又創建了日本第二電電，而創建日本第二電電的目的正是出於這種「至善」的動機。

自從明治時代以來，日本的通訊市場就一直被日本電電公社，也就是現在的 NTT 公司所控制。因為通訊市場一直被壟斷著，所以通訊費用一直以來都是居高不下的。為了降低通訊費用，服務於民，而在民營企業可以自由參與通訊事業經營的時候，稻盛和夫就冒著極大風險參與了通訊業的競爭，最後成立了日本第二電信電話公司，也就是第二電電，即 DDI 公司，現名為 KDDI 公司。

當時的京瓷公司，發展已經初具規模，要想展開國家性的電信業這種大專案，在實力上其實還是存在著非常大的差距的。所以，當時有許多人並不看好稻盛和夫的這項決策，甚至認為這樣做是一種非常魯莽的行為，很有可能將好不容易發展起來的京瓷公司也拖到險境當中。

其實，當時的稻盛和夫也很苦惱，在舉棋不定的半年時間裡，他也經常在心裡反反覆複地和自己做逼問式的對話：「我的動機是善良的嗎？」「你說，你參與通訊事業是為了降低大眾昂貴的電話費用，你心裡真的是這麼想的嗎？不是為了對『京瓷』更有利，讓『京瓷』更出名嗎？或者不是為了博得大眾的喝彩，不是為了沽名釣譽嗎？」「創辦第二電電不是

你自己想作秀表演吧！嘴上講得漂亮，說什麼為了大眾，其實說到底還是為了賺錢，還是出於私心才去挑戰通訊事業。真的是動機至善、私心全無嗎？」

就這樣，在經過了將近半年時間的自我逼問式的思考之後，稻盛和夫終於理清了自己大腦中的思緒。在這番深思熟慮之後，稻盛和夫已經確定了自己毫無私心，是真的想為大眾降低昂貴的電話費用的。

也正是如此，稻盛和夫才明確了自己的出發點，以「利人利世」的純粹動機投身到了通訊事業當中，而其目的就是更好地為社會服務。

▍利他本來就是為人處世的基點

現今，年已古稀的稻盛和夫在自己收入並不豐厚的情況下，他依然非常熱心於感恩社會、大愛無疆的各種公益事業。

僅僅是在 1984 年，稻盛和夫就從自己的私有財產中一下子拿出 200 億日元設立了稻盛基金會，並且在世界範圍內對基礎科學，先進技術，思想科學與表演藝術三大領域當中有貢獻的人士進行獎勵，也正是由於他的這一舉動，曾被美國紐約時報稱為能與諾貝爾獎相提並論的世界大獎。

實際上，這正是稻盛和夫所宣導的「追求人生的善與不朽，把有價值的留給後世。」的真實寫照，也是在精神豐碑上不斷地「設定能力的標高」、「突破障礙」、「開創新紀元」的直接體現。

稻盛和夫說：感恩是善的起點。沒有感恩心的人，就會「牢騷、抱怨、憎恨、怨恨、嫉妒」，這本身就是罪惡。有了感恩的心，才會生起「責任心、忠誠心、利他心」等高尚品德。

有些人不管做什麼決定，判斷什麼事物，都是以一種「利己」的標準進行考慮，很少考慮團隊和他人，其實這樣的人就是自私自利的人，也

正是因為缺少了「感謝心和感恩心」。所以，一切美好品德的起源，就是「感謝心和感恩心」，當人有了感謝心和感恩心，那麼就會自動熄滅「貪嗔痴」，自覺樹立起對團隊和他人的責任感，這樣就不會只想著自己的利益，只知道以「利己」的標準作為自己做人做事的標準，可以說，感恩心是一切美好品德的起源。正是因為有了感恩，才會去利他。而有了利他，就會關心別人，愛護別人，幫助別人，美好的事物就會接連發生，這也就所謂的「正輪迴」。

稻盛和夫一直以來都宣導：「種善因，結善果。」而他認為，「善」的起點就是兩點：一是「感恩心」；二是「利他心」。

「善」，就是「感恩和利他」。一個人只有培養了「感恩的心」和「利他的心」，就是「善良人」。而一個人自私自利，抱怨牢騷，嫉妒怨恨，就是「不善」。可見，一個人只有把自己的心轉化成「善」的，那麼自己的命運才能夠轉向「善」。

每當我們抱怨別人對自己不好的時候，抱怨命運不公平的時候，我們一定靜下心來，認真反省：我們是否培養了一顆「純善的心」。

在佛學上講：一切法由心生。也就說是：無論是好的，還是不好的，都是我們的「心」而吸引來的。如果我們有一顆「純善」的心，那麼我們就能夠吸引來好的結果。如果我們常常懷著一顆「不善的心」，那麼我們就會吸引來不好的結果。這其實也就是所謂的「因果法則」：種善因，結善果；種惡因，結惡果。

稻盛和夫說：「活著，就要感謝，無條件感謝。論別人怎樣對待我們，無論外界遭遇如何，我們都保證自己，從內心發出『感謝』的聲音和資訊。」稻盛和夫的積善感恩說明，長時間堅持這樣做，我們的「感謝的善心」，就會化解「不善」，讓我們的人脈、遭遇、環境會更好。

　　稻盛和夫的感恩觀包含著真假感恩、品格感恩、積善感恩三種，但是仔細比較和甄別的話，這與感恩思想是如此的鎔合和一脈相承。從歷史演繹來看，中華民族的感恩有傳統感恩與現代感恩之分。

　　首先傳統感恩濫觴於國學理念。在中國有句古語叫做「積善之家有餘慶」，意思是：多行善，多做好事就會有好報。不僅僅是你，就連你的家人、親戚也有好報。一個人行善，惠及全家以至親朋好友，先賢們想給我們後人表達的就是這個道理。

　　很明顯，在稻盛和夫的感恩哲學裡面包含了很多古代文化的精華，說的很多事情我們都是曾經了解過的，可是最後卻沒那麼做，只是一念之間就改變了我們的人生軌跡。

　　比如在小的時候，我們在課本裡都讀到過與人為善，多為他人著想的故事，看似非常簡單的道理，但是我們卻忽視沒有做到。

　　「敬天愛人」，做到對自然，對人類以外的事情要有敬畏之心，懷一顆利他之心，按事物的本性做事。

　　可是現今，浮躁已經演變成了一種普遍性的情緒，更多的人都是在誇誇其談、說的頭頭是道，可是卻很少有人能夠俯首下身，腳踏實地的去做事。

　　孜孜不倦、默默努力，腳踏實地度過每一天，堅持累積每一天的力量，這一點是我們每個人必須向稻盛和夫好好學習的。

　　在實際工作中，當我們認準目標之後，一定要腳踏實地努力工作，在認真工作的同時，儘量減少對外物的欲望，保持一顆寧靜的心，用一顆享受的心對待人生的一切悲喜起落。

利他心可以拓展觀察事物的視野

化學專業出身的稻盛和夫在剛剛涉及通訊事業的時候，可以說連「通訊」的「通」字都不明白，但是他還是能夠一心一意地投身到這項事業中。

稻盛和夫謙稱自己當時是「有勇無謀」。而他為了更快地了解通訊產業，更好地為大眾服務，稻盛和夫就去拜訪了 NTT 的技術人員，在與十多位年輕的技術骨幹夜以繼日的學習討論之後，志同道合的他們本著「為社會，為人世」的目的走到了一起，這也讓稻盛和夫更加堅定了開創通訊事業的決心。

雖然有了堅定的決心，但是 DDI 公司成立的時候，稻盛和夫根本還沒有一個具體的運作方案，甚至連構築通訊網路的設施都無從下手。而當時同時進入通訊業競爭當中的還有國鐵、日本道路公團與豐田汽車結成的聯盟這兩大對手。

就鋪設光纜線來說，國鐵可以在他們管轄內的新幹線上鋪設光纜，道路公團也可以將光纜鋪設於其轄內的東名‧名神高速公路上，和這兩家公司相比，京瓷公司並沒有任何便利和優勢。

而且由於當時的國鐵屬於國有財產，所以稻盛和夫向國鐵總裁提出希望沿新幹線再鋪設一條光纜的要求，但是卻被回絕了。於是稻盛和夫又考慮使用無線網路，但是當時任意架設無線通訊網路也是不被允許的，所以希望又再一次落空了。

就在稻盛和夫陷入困境的時候，電電公社，也就是 NTT 公司的總裁伸出了援助之手，他把 NTT 的一條空餘線路提供給了 DDI 公司使用。但是這是一條沿東京、名古屋、大阪的山峰架設拋物面天線的無線通訊線

路，施工作業具有相當大的難度。

對於當時的情形，稻盛和夫回憶起來仍然是心有餘悸。第二電電公司在日本列島僅存的這條線路上，沿著一座又一座山峰修建起了大型拋物面天線。夏天在烈日的暴晒之下，冬天在凜冽的寒風中，年輕的員工們意氣風發，夜以繼日，居然與國鐵沿新幹線、道路公團沿高速公路鋪設光纜這種簡單工程同時完工，成功設置了拋物面天線。

雖然是從零做起，但是 DDI 公司的進度並沒有落後於其他兩家公司，並且與他們同時完成了東京、名古屋和大阪之間的通訊線路工程。這在很多人看來，DDI 公司基礎設備差，而且還缺乏先進的技術，一定難逃被淘汰的命運。可是，正是在稻盛和夫「利他」理念的指引下，稻盛和夫用「為社會，為世人」的崇高目標聚集了全體員工的力量，DDI 獲得了卓越的成功。

俗話說：「眾人拾柴火焰高」，得到京瓷全員的支持是稻盛和夫在通訊事業上走向成功的原因。「凝聚全體員工的合力才有『第二電電』的成功。」稻盛和夫回憶說，這是他跨入通訊業的第一步就能夠走穩的重要原因。

在一切硬體設施已經具備之後，DDI 公司就應該朝著最初創建時的目標前進了。和國鐵、道路公團以金業為服務物件有所不同，第二電電公司以一般大眾的室外電話為服務物件，為民眾服務，目的是為了降低了大眾長途通話費用。這種室外電話的服務最後得到了民眾的普遍認可與廣泛支持，DDI 公司的業績遠遠領先於其他兩家公司。

當看見 DDI 公司遙遙領先於同期參與競標的其他企業的這一事實之後，很多人都向稻盛和夫討教獲得成功的方法，而稻盛和夫卻回答說：「我的答案只有一個，是希望能有益於人民的、無私的動機才帶來這樣的

成功。」這也是稻盛和夫總結的「為他人為社會盡力」的初衷。

其實，稻盛和夫一直以來都強調應該用利他之心做人做事，為他人著想，並且採用善行來構築通往成功的階梯，這種利他思想的形成也是稻盛和夫受到佛教思想影響的結果。原來，京都元福寺的老禪師對稻盛和夫的教導使他認識到利他之心的重要性。

老禪師講了一個關於天堂與地獄的故事：表面上，天堂與地獄是沒有差別的，不同的只有居住在裡面的人的心。

比如，在天堂和地獄的中間都放著一口大鍋，鍋裡都煮著麵條，而鍋周邊都是圍坐著相同數量的人，每個人面前都有一個碗和一雙一米長的筷子。在麵條煮好了可以吃的時候，只見地獄的人居然發生了爭搶，因為他們手裡的筷子很長，所以很容易將別人碗裡的麵條搶過來，但是卻又沒有辦法將麵條送到嘴裡。

於是就在這來來回回的爭搶當中，麵條濺得四處都是，最後，大家誰都無法吃到麵條，只能餓著肚子。而在天堂當中，大家看到麵條煮好之後，都會彼此謙讓，拿起筷子夾起麵條放到對方的碗裡，餵對方吃起了麵條。於是大家吃得很安穩，每個人都嘗到了美味的麵條。

禪師接著說，這就是天堂和地獄的差別。在天堂裡，人們都能夠抱有利他之心，在地獄裡，人們就只有自私之心。

而我們生活的世界，其實既是天堂，也是地獄。當我們心中充滿愛的時候，更多想到的就是別人的時候，因為我們就生活在天堂。當我們心懷怨恨，自私地只想到自己的時候，我們就將身處地獄。

稻盛和夫說：「所謂利他之心，佛教裡是指善待他人的慈悲之心，基督教裡指的是愛。更簡單一點說，是奉獻於社會，奉獻於人類。這是在人生的道路上，或者像我們這樣的企業人士在經營企業中不可缺少的關鍵字。」

▎以真善的無私之心去做事業

「利他經營」這是稻盛和夫管理哲學的核心，而所謂「利他經營」，就是經營者應該充分考慮員工的利益、競爭對手的利益以及整個社會的利益。在《京瓷哲學手冊》當中，關於公司經營理念的描述是，「在追求全體員工物質和精神兩方面幸福的同時，為人類社會的發展作出貢獻」，這一理念其實就充分展示了稻盛和夫的「利他經營」思想。

稻盛和夫的「利他經營」哲學思想的形成一共經歷了三個階段：第一階段是實現個人抱負與技術目標階段；第二階段就是實現公司發展，為員工的幸福而奮鬥的階段；第三階段則是為了全人類的利益和社會進步而奮鬥的階段。

也正是這三個階段才體現出了稻盛和夫作為企業家的人生觀、價值觀不斷提升的過程，換句話說，從「利己」轉化到「利他」，由以自我為中心到以公司和員工為中心，最後再到以社會和人類為中心的發展過程。

稻盛和夫的「利他經營」哲學思想的最初形成，就是他在創業初始的困境當中磨鍊和激發出來的。

1959 年的時候，稻盛和夫創立京瓷公司初期僅僅只有 28 個人，創立的初衷也只不過是想成為一名研究者，把自己開發出來的精密陶瓷技術光耀於世。

到了後來，稻盛和夫聘用的 11 名員工由於工作時間長、勞動強度大、薪水待遇低，集體向稻盛和夫提出了抗議，要求改善待遇，並且要公司對他們的未來做出保證，否則就集體辭職。

最後，稻盛和夫經過艱難的交涉，成功地平息了這場風波。但是在事件過去之後，他開始思考關於企業經營的本質、目的和信念等根本性問

題，對這些問題的思考也漸漸成為了他創立經營哲學的起點。

也正是這件事情，讓稻盛和夫明白了一個道理：員工們是把自己的未來託付給公司，公司首要的是保障員工的利益，而不能只考慮自己事業的發展。稻盛和夫以這一事件作為契機，這也是他的「利他經營」思想初步形成。

隨著公司規模的不斷發展壯大，稻盛和夫的「利他經營」哲學思想也逐漸變得清晰和穩固起來。

在 1980 年代，為了挽救瀕臨倒閉的生產車載對講機的塞巴尼特公司，幫助 2,600 名公司員工走出失業的困境，稻盛和夫對這家公司進行了看起來沒有任何商業利益可圖的並購，並且透過他的努力讓這家公司恢復了生機，最後讓其成為了京瓷集團在通訊領域裡的中堅力量，為京瓷公司的多元化經營戰略奠定了基礎。

稻盛和夫之所以並購塞巴尼特公司的動機就是完全利他的，但是最後的結果卻是對雙方都有利。

除此之外，在 1984 年，稻盛和夫秉承「利他經營」的思想，為了打破國有電信公司的壟斷，能夠讓廣大的國民都享受到低廉的通訊費用，而且能夠給年經人提供實現個人抱負的好機會，結果稻盛和夫不顧眾人的反對和社會的嘲諷，冒著巨大的風險，毅然創辦第二電電公司，並且最終發展成為了世界 500 強的大型企業。

稻盛和夫的「利他經營」思想，不僅給別人帶來了實惠，也贏得了社會的信任和民眾的支援，正是這樣的原因，也讓他的公司以驚人的速度不斷發展壯大。

現今，我們太多的人過於浮躁，過於急功近利，成功其實是沒有捷徑可走的，只有踏踏實實的學習、工作，我們才會一步一步登上成功的高

峰，感受那種成功之美。

其實在稻盛和夫的思想當中，我們能夠深刻體會到了他經營哲學的兩個核心思想「敬天愛人」的思想和「阿米巴」管理模式。

稻盛和夫一直在講：「人應該要無私，要敬奉天理、關愛世人，要有良知，要為他人做奉獻，」而他也將「追求員工的幸福，為人類、為社會做貢獻」作為自己的經營理念，這是我們非常值得學習的地方。

當我們按照良心、良知做事，對公司我們就應該要有一顆感恩的心，感謝公司給我們的發展平臺，讓我們實現自己的人生價值，同樣的對待產品，我們也要做一個有良心的人，我們應該要善待自己的產品，愛護它們，這樣我們所做的產品品質才能夠大幅度提高，甚至是達到零缺陷。

我們每個人都應該以真善的無私之心去做事情，這樣我們每個人才能夠感到自己存在的價值，才會產生一種主人翁的感覺，做起工作也更加積極、有目的性，透過一段時間的運轉，那麼我們做起事情來就會運轉的更加流暢。

讓我們相信我們的明天是美好的，讓我們揮動著自己的雙手，為自己的未來貢獻自己的力量，為自己的明天揮灑處燦爛的一筆。

▌為社會為他人做貢獻要勇於自我犧牲

當我們縱觀歷史就會發現，構築了現代世界經濟基礎的資本主義，原來是起源於基督教社會，特別是倫理教義非常嚴格的新教社會。也就是說，早期的資本主義的宣導者都是非常虔誠的清教徒。

他們為了進一步貫徹有關「鄰人愛」的精神，在日常生活當中儘量做到儉樸，他們崇尚勞動，將企業所獲得的利潤用於社會發展是他們的信條。「為社會，為世人作貢獻」，這就是初期資本主義的倫理規範。

　　早期資本主義的宣導者，也就是早期的企業經營者，他們對資本主義的理解就是透過經濟活動來實踐社會的正義，為人類社會的進步發展作出貢獻。即資本主義是「為社會積善的體制」。可以說，正是因為有高尚的道德理念，所以初期的資本主義才得以高速發展。

　　可是，更具有諷刺意味的是，本來就是資本主義發展原動力的倫理道德，隨著經濟的發展卻顯得日趨淡薄，企業經營的目的以及經營者個人的人生目的，現今都已經蛻變成了「只為自己」的利己主義。制約人的內心的倫理規範也開始逐漸喪失，導致了先進的資本主義社會開始走向墮落。

　　特別是日本，由於缺乏像歐美諸國那樣的基督教的社會背景，「二戰」以後，人們就開始一味地追求經濟上的富裕，而對道德、倫理以及社會正義的重視程度急劇下降。正如剛才我們所說的那樣，人們雖然獲得了經濟上的富裕，但是這個社會卻已經偏離了資本主義的本意，陷入頹廢。

　　在稻盛和夫創建的「京瓷」公司則是具有正確的經營哲學，全體主管、員工都理解和接受這種哲學，而且把這種哲學變成自己的東西。稻盛和夫介紹說，正是在這樣的基礎之上，大家團結一致，共同做出「不亞於任何人的努力」，即使在獲得成功之後，也不失謙虛之心，繼續努力，不斷獲取更大的成功。

　　我們都知道稻盛和夫是理工科出身，從事「京瓷」這家新公司經營的時候，他一直考慮：「既然對於經營我一無所知，那麼不如回到原點，以『作為人，何謂正確？』也就是說，以好壞、善惡作為基準，去判斷一切事物。」之後，稻盛和夫就只用這一個基準，不斷做出各式各樣的判斷。

　　「正」還是「不正」，「善」還是「惡」，這是最基本的道德規範，也是我們每個人孩童時代父母和老師天天教授的道理。「如果以此作判斷基準的話，那麼我是清楚的，我能夠掌握。」當時稻盛和夫非常自信地說道。

現今，每當稻盛和夫回想起來，發現自己並不是依據經營的經驗和知識，而是以這種最基本的倫理觀、道德為基礎去從事經營活動，也正是因為如此，才取得了今天的成功。

而當我們將目光轉向當今世界的經濟領域，就會看到許多企業正是因為缺乏這種倫理道德，所以舞弊和醜聞頻發，結果被社會無情的淘汰出局了。

例如，做虛假財務報表的美國安然公司、世界電信公司，以及採取冒充、欺騙手段的日本雪印食品公司等，這些企業在當初都曾經風光過，但是從喪失道德倫理發展到作弊，從而被媒體曝光之後，立即就名譽掃地了。

其實以上的這些例子都說明，經營者被私心所蒙蔽而導致經營失誤，就會給整個集團帶來災難。稻盛和夫認為：從這個意義上講，掌握企業經營之舵的經營者，必須擺脫私心的束縛，隨時做出公正的判斷。

當然，不僅僅是企業，治理國家也是同樣的道理，就是說領導人必須摒棄私利私欲，以「利他之心」即「無私之心」思考問題。國家主席胡錦濤所說「立黨為公，執政為民」，這也就是在強調作為國家領導人絕不能持有私心。

在談到領導人的「無私」時，稻盛和夫總會說起西鄉隆盛這個人，他是推動日本從封建國家向現代國家轉變的「明治維新」時期的革命功臣。

西鄉隆盛是稻盛和夫非常尊敬的一位歷史人物。而西鄉隆盛的座右銘「敬天愛人」，這後來也一直被「京瓷」奉為社訓，並滲透到全體員工的心中。

關於領導人應有的品格，西鄉隆盛曾經有過如下闡述：

「置自己的生命、名譽、地位、財產於不顧的人物，最難對付。然而，領導人不達到這種無私的境界，最終難成大業。」

　　也就是說，如果要成就大事，必須拋棄一己之私，以無私之心投入事業。稻盛和夫認為：西鄉隆盛的這種哲學思想超越時代，現在也同樣適用。

　　之後，西鄉隆盛繼續說道：「在國政的大堂上，堂堂正正從事政治活動，與行天地自然之道一樣，不可夾雜半點私心。無論遇到什麼情況，必須保持公平之心，走光明大道，廣納賢才，讓忠實履行職務的人執掌政權。這樣做就是替天行道。同時，一旦發現比自己更為勝任的人物，就應該立即讓賢。」

　　「只愛自己，就是說，只要對自己有利就好，對別人如何不必考慮，這種利己的思想，是做人的大忌。治學不精，事業無成，有過不改，居功驕傲，所有這些，都由愛己過度而生，都絕不可為。」

　　其實，西鄉隆盛的這些話就是告訴我們，身為領導人，應該戒除利己之心，勇於自我犧牲。而且它更加強調了領導人「無私」的重要性，如果一旦為私心所蒙蔽，那麼人就無法做出正確的判斷。而且稻盛和夫認為，西鄉隆盛的思想，包括國家在內，是所有集團走向繁榮的基礎條件。

▍「求利有道」也要「散財有道」

　　稻盛和夫說：「要讓你的合夥人快樂。只有單方面得到利益，另一方面蒙受損失的話，這種成功絕對是短暫的。成功的經理人可從真誠和對人的愛中創造和諧。」換句話說，只要把利他之心，也就是人本性當中良心的一面、理性的一面、真善美的一面切實地發揚光大，那麼人類就能夠分享有限的資源，可以互助合作，培育並保持優良的人性，人類就能夠與地球萬物和諧共生。

　　稻盛和夫經常說：「在人的行為中最美好和最尊貴的，就是為他人奉

獻一些什麼。從人的本質來看，人們往往容易首先考慮自己，然而同時，每個人也都有一顆願意為別人服務，讓別人高興，並以此作為自己最高的幸福之心。所以，這種美麗之心可以支配自己的行動，與他人、集體建立良好的紐帶，從而在其維繫下的團隊共同努力，成為一個強有力的團體，共同取得驚人的成績。」利他是最強有力的。讓對方高興，與人為善，這樣的行為最終一定會帶來成功。

稻盛和夫認為，這是這個世界儼然存在的真理。為什麼會產生這樣的結果？他說，「因為利他的行為會讓我們獲得超越自己的偉大的力量」。

每個企業家都會選擇某些思想、哲學、價值觀來經營企業，來度過人生的自由，但是這種選擇也將決定著經營企業和人生的結果。例如，有些人選擇了利己主義的思想、哲學、價值觀，那麼他們無論做什麼事情都只會考慮是否對自己有利，甚至損人利己，損公肥私，那這種成功肯定是很難長期持續的。

稻盛和夫說：「在我們每個人的心裡，既有『只要對自己有利就好』的利己心，也有『即便犧牲自己也要幫助他人』的利他心。僅憑『利己心』判斷事物，因為只考慮自己個人的利益，所以無法得到別人的幫助，這種以自我為中心的想法只會使視野狹隘，往往對事物做出錯誤的判斷。」所以，為了能夠讓企業持續發展，為了可以獲得幸福的人生，那麼就有必要認真學習，並且選擇優秀的思想、哲學、價值觀，用它來指導自己的經營和人生。

稻盛和夫認為，做生意必須雙贏，所謂「利他自利」、有同情心、真誠待人，就是在買賣當中要顧及對方，讓對方也能夠獲利，只有讓客戶滿意，才自然會給你帶來利益。

無論做什麼事，不要只顧著滿足自己的欲望，而且應該同時也為自己

以外的人進行著想，這就是利他心。人一旦失去了為他人著想的利他心，那麼剩下的就只是自己的欲望了。比如，經營企業，就一定需要學會為他人著想，這裡面不僅是員工、顧客、公司所在地區，還包括社會公益事業以及眾多交易合作物件，甚至是競爭對手。

稻盛和夫認為，如果對待員工很好，做到定期加薪，獎勵獎金，或者是經常鼓勵他們，那麼他們肯定會備受鼓舞，會更加努力地工作，為公司創造出更多的利益。

稻盛和夫的利他經營哲學還體現在了激烈的競爭上，在激烈的競爭中透過利他，也可以使自己獲得大的收益，也能夠在以後進行更好的合作。稻盛和夫說：「成功者一定要有強烈的好勝心，這點不只表現在田徑場上，在企業界更是如此。然而，在企業家精神的深處，還得要有真誠、同情和親善。正如教練希望每個選手都能發揮到極致，領導人也要以誠實和真誠的態度引導團隊邁向成功。不同於體育競技的是 —— 每場比賽總有落敗者，而企業則能成功地締造出『雙贏』的和諧局面。」

京瓷公司曾經在收購美國的一流電子產品零部件製造商 AVX 公司的時候，因為雙方同都是上市公司，所以雙方商定以股票交換的方式收購 AVX。當時京瓷公司開出了每股 30 美元的高價，但是對方仍不滿意，提出了更高價格，京瓷公司的同事都認為不能再提高價格了，最後稻盛和夫還是非常爽快地答應了對方的要求。

稻盛和夫認為，收購價格高一點並不一定是壞事，因為今後雙方人員都要統一到京瓷的門下一起做事業。

後來的事實也果真如此，原 AVX 公司的股東都體會到了在京瓷公司門下的喜悅，而且這種喜悅也感染了原來公司的全體員工，結果，雙方統一在一起之後的管理關係更加融洽了。

收購後的 12 年來，AVX 的年銷售額高達 13 億美元，稅前利潤增至 2 億多美元。為此，稻盛和夫說：「收購 AVX 之所以成功，是因為在收購之時能多考慮些對方的利益，持關懷之心去決定收購價格，是一個重要原因。」也正是稻盛和夫有一顆為別人著想的利他心，才使得他能夠在無形之中有更大的發展空間和市場。

稻盛和夫說：「為公司好的利他行為，一旦形成一切只為自己公司著想的想法，那麼從社會的角度看來，就是一種公司的自我。要避免自己陷入上述低層級的利他行為，重要的是培養從大格局看待事物的眼光，把自己的行為放在較高的層次加以看待。」

試想，如果我們每個人的精神都能從利己的欲望中解放出來，發揮出「利他」的，以及無私的熱情，那麼自然就能「人助天助」，使人生和事業取得成功。

▎要有體諒他人的關愛之心

作為一名領導者，我們總會面對很多利益的抉擇，而這裡所講的利益可以分為兩種：一種是領導者自己的切身利益，也就是私利；另外一種就是員工及公司的利益，也就是公利。

一些領導者選擇了私利，於是就出現了今天眾多的貪汙醜聞事件，這其實既不利於公司的發展，也會阻礙和諧社會建設的進程。

稻盛和夫說：「作為領導者應該建立將公司永遠放在自己之前的價值體系，當必須在小我之利與大我之利間作抉擇時，身為領導者的基本責任，就是義無反顧地把團隊的大我之利放在自己的私利之前。」所以稻盛和夫一直主張，企業的領導者一定要站在無私的立場上，具有「大愛」的精神。

　　一個企業的領導者，一定要選擇以自我利益為中心，那麼他必定就會因為貪婪而被眾人所憎惡。相反的，無私的領導者自然就會得到員工的敬重，身後也會有人願意跟隨。

　　如果一個企業領導者只看到了眼前利益或者只是考慮自己的私人利益，那麼他的企業注定是不可能長遠發展的。

　　稻盛和夫認為，企業經營的本質目的是：不論願意與否都要盡自己的全力，讓全體員工獲得幸福。稻盛和夫的思想也就是秉持著企業領導者必須具有拋開經營者私欲的大義理念。

　　這正是稻盛和夫在其領導思想當中「大愛」的體現。為了事業的成功，為了讓員工能夠在企業當中得到更多的生活保障，稻盛和夫就會利用他自己的絕大部分時間拚命地進行工作。以至於有人這樣對稻盛和夫說：「你每天都工作到這麼晚，甚至假日也是如此。我真為你的太太和小孩感到難過，因為你現在根本抽不出時間陪他們。」

　　其實，稻盛和夫自己也承認，為了「大愛」，他失去了很多來自家庭的天倫之樂。他的孩子就經常因為父親的晚歸而抱怨，鄰居小朋友的父親總是可以按時下班回家，然後和孩子玩耍，但是稻盛和夫卻每天要工作到深夜。所以對於孩子的怨言，稻盛和夫總是感覺非常內疚。但是他明白，作為企業的領導者，他不可能同一般的員工一樣，準時回家，與家人共用天倫之樂，所以，他必須犧牲家庭生活才能給包括家人在內的更多人創造幸福。

　　稻盛和夫認為，企業經營者就是企業這個大家庭的一家之主，他們要努力工作，讓「家人們」生活無憂。

　　我們不得不說這是一種勇氣，可是這是一種犧牲小我的勇氣。稻盛和夫認為領導者必備的這種勇氣與力量是取得成功的必要條件之一。一旦領

導者只希望自己一個人獲得利益，那麼，在他率領之下的員工也可能會為了一己之私而明爭暗鬥，這樣的企業遲早都會分崩離析的。

一個企業的發展需要領導者和員工的共同努力來創造。這些並非是為了領導者個人的利益，而是為了企業中所有員工的幸福。

所以領導者必須樹立一個願意自我犧牲的典範，能夠用這種精神和勇氣來領導企業，以使企業更好地發展。

稻盛和夫認為，有些管理技巧和理論不管如何重要，都無法使一個人成為優秀的經理人。要衡量一個領導者是否是高級經理人，就要看他是否有全心奉獻的能力，是否每天都可以在強大的責任感之下，抱著自我犧牲的精神進行工作。稻盛和夫正是具備了領導者願意為別人犧牲的思想，才得到了部下的信賴和尊敬。於是在他的帶領下，他的部下也學著奉獻自己，關心別人，讓公司呈現出了和諧有序和繁榮的局面。

稻盛和夫所提倡的這種「大愛」精神是成為最高領導者所應具備的條件之一。當我們放眼歷史上的那些偉人，他們都是「大愛」者。領導者的這種「大愛」精神除了在無私奉獻自己的時候可以體現出的令人感動的溫柔，還包括領導者嚴肅的管理態度。

如果領導者只知道如何討好部下，為了求得部下對自己有好印象而睜一隻眼閉一隻眼的話，在管理當中失去了原則，這樣也是成不了大事的，因為這是損人的「小愛」行為；相反，一個領導者如果能夠嚴格要求部下，這種無形中的指導與磨鍊就會讓部下取得長足的發展與進步。

稻盛和夫曾經將領導者和員工之間的關係比喻成父母與孩子的關係，如果父母溺愛孩子，就好像沒有經歷風雨不可能看見美麗的彩虹一樣，孩子沒有透過努力就得到了父母給予的許多東西，那麼在這樣的「小愛」關懷下成長的孩子，他們的人生終將走向失敗，甚至失敗的一塌糊塗；但是

那些在父母的嚴格教導下成長的孩子，他們在「大愛」中必將學會自強自律，其人生也會活得更加精彩。

做領導者就應該如同為人父母一樣，一定要用「大愛」對自己的員工進行嚴格的要求。稻盛和夫之所以能夠將京瓷公司和 KDDI 公司發展到今天的規模，就是因為他的這種無私大愛的品格。

稻盛和夫在對待公司領導層的選擇上，充分體現了他的「大愛」精神，他公開表明自己的態度：公司管理者的任用，絕不採用世襲傳承的制度。稻盛和夫反對世襲制度的理由是：第二代不一定能夠有把企業哲學傳承下去的繼承能力。

企業哲學就是一家公司的獨特之處，如果不能夠維繫這種哲學，那麼公司就無法繼續生存與發展。所以稻盛和夫一心栽培那些有充沛的熱情、卓越的能力、願意並且可以傳承企業經營理念的人才，在他看來，公司就應該交給這種個性了不起的員工來管理。

也正是因為這樣的思想，才是他能夠讓員工全心全意付出努力的根源之一。稻盛和夫說：「既然我反對世襲制度，員工就會了解他們都有潛力晉升為公司最高領導者，因為他們知道公司的政策與哲學並不是為了我個人的利益而定的。這也就是為什麼我對他們要求這麼多，他們還願意追隨我的原因。」

其實，作為領導者，就應該是一個能奉獻自己，關心他人的人，在無私地奉獻自己的過程中肯定會有回應者積極地來附和他。領導者只有和追隨者一起努力，才能取得事業上的輝煌。同時領導者還應該是一個關心自己部下的人，在對部下嚴厲的責備中，冷酷的表情下其實體現的是一顆關心的心，只有這種「大愛」才可以更好地促進企業的發展。

▌絕不能忘記那些珍貴的美德

美德，是至善至純至高人性的結晶。當然，想要做一個有美德的人，這可絕對不是一件容易的事。

真正講美德的人，在他們的心中都會有「孝敬」、「仁慈」、「尊重」、「誠信」、「寬容」這些字眼，他們也會從平常生活當中的點點滴滴的小事中表現出這些看似無人知曉，但卻被他人看在眼裡記在心裡的行為。

稻盛和夫說：「目前日本社會選舉領導者的方式就有些欠妥，暫且不說領導者的個人資質如何，其選舉的方式本身就存在一定問題。換句話說，一直以來，選拔領導者都是看其才智和能力，而將品德置於次位。一般都會以考試成績為準，只要成績優異就可以得到重用，仕途肯定是一帆風順。很少考慮到心性層面，而且這種思想直到現在仍然根深蒂固。」

關於類似的事情，稻盛和夫在講述第二電電株會社社長人事任用往事的時候，也提到過。當第二電電株會社逐漸發展壯大，擊敗對手得到順利成長，並與 KDD、IDO(日本移動通訊公司) 進行了合併，第二電電株會社也更名為 KDDI，以謀求更大的發展。

在當時，稻盛和夫就定下了一個並不起眼的人物為社長。因為這個人具備了領導者所必要的「德」，而且也非常有能力，很有聲望，深受公司員工的信賴。這就是稻盛和夫一直以來對德的要求，要求領導者一定要以身作則，要有一個良好的品性。

其實，當時在公司還有另外一個才能出眾、勞苦功高的人，但是稻盛和夫卻並沒有選擇他。當然，為表彰他為第二電電株會社所做的貢獻，在第二電電株會社上市之前，稻盛和夫就讓他持有了股份，給予其金錢方面的充分優待。

稻盛和夫遵循西鄉遺訓所說的「功者賞祿，方惜才也」，給有功之臣賞以俸祿，而並不是以職位進行回報。

稻盛和夫說：「出眾的才華和非凡的努力，可以形成強大的力量，但這種力量用向何方，必須由人格來駕馭。如果人格扭曲，才華和努力就會被惡用，帶來嚴重惡果。」所以稻盛和夫認為，在選拔人才的時候，不能僅僅是任用君子，也需要充分利用小人的能力與才幹，這樣企業的經營才可以順利進行。可是，如果只是由於能力強、工作得力，便讓小人登上高位，那麼公司到頭來肯定是必敗無疑的。

稻盛和夫總結說：「地位居於眾人之上者，才智與人格相較，應該取其人格。越是才智高人一等者，越需要控制自我，以免聰明反被聰明誤，把超越常人的力量用錯了地方。」因此，公司一定要選擇德高望重、品行端正的人坐到重要的職位上，這就是必然的選擇，只有這種人才能夠帶領集團走向真正的成功。

稻盛和夫認為，無論經營者如何高明，如果僅僅是靠領導者的戰略，那麼企業經營也是不可能順利展開的。大企業擁有幾萬名的員工，只有每個員工在每一天，都能夠在自己的職位上拚命工作，企業才能夠正常地運行。可以說，企業的銷售額和利潤正是他們汗水的結晶。所以，將企業的經營成果歸於經營者個人，讓他們的收入高於普通幹部、員工數百倍，這顯然是不公平的。

可是現實情況是，許多經營者卻心安理得，越是優秀的經營者，往往越傾向於靠「力量」來統治企業。稻盛和夫特別指出：「企業經營者必須把永續繁榮作為目標，我認為只有『以德為本』的經營才能實現這一目標。並且，『以德為本』不只適用於公司內部，即使是與客戶商談交涉時都會用到。

如稻盛和夫所言：「比起玩弄手段、抓住對方弱點討價還價、以勢壓人等辦法，以『德』也就是以『仁、義、禮』為基礎，用合理的、人性化的方法進行協商交涉，成效將更為顯著。」

因為一直以來，稻盛和夫認為，經營者就應該不斷提高心性；然後要將學到的先人的教誨付諸到實踐當中；靠時時刻刻的反省來維持高尚的人格；確立做人做事的正確的判斷基準；在遇到考驗的時候勇於正確面對。稻盛和夫堅信，這才是「以德為本」的經營，是建設「和諧企業」最正確的方法。

可見，德行是非常重要的，無論是做人還是經營企業，如果缺乏德行，那麼企業就不會得到很好的發展；同樣，如果一個人沒有好的德行，那麼就不可能成為一個成功的人，自然也就不會受到他人的愛戴，更不會受到任何人的尊敬。

▋人格的塑造一定要以德為本

一個組織、一個團隊、一個企業，甚至是一個大集團、一個國家的命運，都是與它的領導者息息相關的。那麼，做為一個領導者需要具備哪些素養和能力呢？

稻盛和夫說：「居於人上的領導們需要的不是才能和雄辯，而是以明確的哲學為基礎的『深沉厚重』的人格。包括謙虛、內省之心，克己之心，尊崇正義的勇氣，或者不斷磨礪自己的慈悲之心——一言以蔽之，就是他必須是保持『正確的生活方式』的人。」

稻盛和夫非常贊同明代文學家、思想家呂坤在《呻吟語》中提到的有關領導人資質的評論：「深沉厚重是第一等資質；磊落豪雄是第二等資質；聰明才辯是第三等資質。」稻盛和夫認為，是否具備厚重人格，能否

做到對事物進行深入的思考，這是一個人能否成為領導者的關鍵所在。所以，領導者首先應該具備的是高尚的人格。

在一個企業當中，只有領導者具備了高尚的人格，那麼才可以讓員工心甘情願地追隨；也只有具備高尚人格的領導者，才能夠帶領員工推動企業不斷前進。

而稻盛和夫認為，現今的世界，只具備了第三等資質，即「聰明才辯」的人，被選拔為領導者的現象很普遍。也正是因為如此，所以一些企業的管理會比較混亂。比如，曾經被稱為世界首富的日本西武集團總裁提義明，就是因為犯法而身陷囹圄。當他面對記者的採訪時，不但不知道悔過，反而還在推卸責任，根本就沒有一點領導者的真誠感和責任感，甚至連正邪善惡都不能區分，沒有一點道德可言。這樣的人，最終只可能把企業帶向滅亡。

領導者應該用自己的人格魅力去征服員工，從而贏得員工的信賴。這是稻盛和夫經營哲學當中的一個理念。

自從京瓷創立以來，稻盛和夫也一直致力於建立領導者和員工之間相互理解、相互信賴的夥伴關係，並且把這視為是事業成功的基礎。

稻盛和夫用他高尚的人格魅力，讓員工們把他當成朋友。所以，在京瓷公司，同事之間、經營者與員工之間並不是縱向的上下級關係，而是為了同一個目標，為了實現自己的夢想走到一起的夥伴關係。而這種橫向的夥伴關係在京瓷當中是最基本的關係。

京瓷能有今天的發展，正是這些志同道合的夥伴們為了同一個目標而齊心協力、共同奮鬥的結果。

其實，在京瓷公司創建還不到 3 年的時間當中，曾經發生過令稻盛和夫至今難以忘記，而且令他改變經營方向的「反稻盛事件」。

當時，日本國內局勢正處於相當不穩定的時期，影響極大的「反安保鬥爭」、「煤炭工會鬥爭」等多起民眾集體遊行、罷工鬧事的事件經常在這一時期發生，最後，「反稻盛事件」也隨之發生了。

京瓷公司在 1961 年雇用了 11 名高中畢業生，這對於剛剛成立不久的京瓷公司而言，當時正是事業發展的起步階段，所以所有的員工幾乎每天都持續著高強度的工作。

但是由於公司的資金基礎不牢，員工的薪酬就相對較少。1961 年，這11 名新員工集體向稻盛和夫提出了抗議，他們在請願書中寫道：「我們來您這個剛成立的公司，一直在按照您的吩咐工作。可是，對於今後怎樣發展，內心總有一種難以抑制的不安，所以希望和公司簽訂一個每年給我們漲薪水的協議，如果不行，我們只好集體辭職。」

這件事情無疑讓稻盛和夫極為震驚，但是在震驚的同時，稻盛和夫必須對這 11 名新員工的去留問題做出決定。

最後，稻盛和夫用三天三夜的時間與這些員工進行長談、溝通。對當時的稻盛和夫來說，員工提出這樣的要求真的是讓他非常為難。因為公司剛剛成立，誰都無法預料前景到底怎麼樣。所以武斷地與員工簽訂這份協議自然是不可能的。但是後來，稻盛和夫經過良久的思考，最後還是擔負起了公司員工今後生活的重擔。

當時稻盛和夫就對請願的員工表示，他自己雖然不能同意簽訂協定，但是一定會為所有的員工著想。稻盛和夫為了讓這些請願的員工們相信，他說出了下面這番話，委實感動了這些請願的員工：

「你們有辭職的勇氣就不能有相信我的勇氣嗎？如果沒有相信我的勇氣，連上當受騙的勇氣也沒有嗎？和我一起工作一段時間，你們就會確定我不是騙子了。到那時，如果你們認為自己上當受騙了，可以殺死我。」

正是因為稻盛和夫在平時的工作當中展現出來了高尚的人格，所以才會讓員工很信任他，稻盛和夫也正是以這番真誠的、發自肺腑的話才感動了他們，同時也傳達了他希望和所有人一起將公司發展壯大的理想。

從這之後，員工們在工作中表現的更加積極，為京瓷公司的發展竭盡全力。稻盛和夫的這些話也讓他們明白，要想獲得今後的美好生活，那麼現在就要選擇和這位值得信賴的領導者一起，將「吃苦」進行到底。

同樣，對於稻盛和夫來說，他也深刻感悟到，經營者除了追求自己的夢想以外，自己身後那些追隨者們的生活和夢想也是領導者應該考慮的事情。

也就是在這次事件之後，稻盛和夫重新確定了公司的經營理念：在追求全體員工物質與精神兩方面幸福的同時，也要為人類和社會的進步與發展作出貢獻。

作為一名優秀的領導者，就應該像稻盛和夫這樣，隨時對員工傳達領導者的思想理念，用自己的人格作為擔保，從而取得員工的信賴。

當員工們對領導者產生信賴的時候，也就是能夠將自己的努力放心地交付於企業的時候。這個時候，全體員工齊心共同進退則是企業裡必然出現的場面。

▎從根本上轉變不可救藥的人生觀、價值觀

現今，有越來越多的人開始向稻盛和夫學習，那麼是為什麼呢？就是因為稻盛和夫帶給我們了一種純淨心靈、陶冶靈魂的使命，而這樣的修練也可以讓我們每一個追求良善的人都去虔心努力修行。

換句話說，品格不正、行為不端、心術不正的人是無法了解和認同稻盛和夫的哲學的，而踏上修行路的人，不過也才剛剛開始，我們的今生和

來生都是為了修練成一個乾乾淨淨、明明白白、充滿善意和利他之心的好人，並且能夠戰勝無數個「小我之愛」，奔向無數個「大我之愛」，當我們成就無私真愛的時候，我們就超越了普通的人，也就是更朝著神的方向過渡了。

有些人可能覺得這些聽來有些「懸」，原因就在於很多徹底的、純粹的追求都近於宗教，而且稻盛和夫也並不例外，我們都知道，他是日本的「經營四聖」之一，他一個人創建了兩家「世界 500 強企業」──京瓷和第二電電社，不僅締造了京瓷 40 多年來從未虧損的奇蹟，而且還創辦了日本第一家從事電話服務的民營企業，成為日本第二大電話公司。雖然稻盛和夫在經營上取得了如此輝煌的成績，但是並不妨礙他坦然地向世界布道：

稻盛和夫說：「我們此刻生而為人的目的就是為了淨化自己，讓自己的靈魂與心智到達更高境界的一段中間時間，對人類而言，此生形同一個修練的道場。」

稻盛和夫認為，當我們進入來生的時候，能帶去的只有靈魂，物質的財產或名聲都會留在今生，更沒有人可以跟我們一起走。

一個人的感覺雖然是寂寞的，但是還是要勇敢的邁向下一段來生的旅程，而且在那個時候佩戴在身上的勳章，將是更美麗的靈魂、更光亮的心。

其實，這就好像我們欣賞宗教畫或者看電影的時候，天使的身上總是圍繞著耀眼的光芒，聖母瑪利亞出現的時候也是光芒四射，而且佛陀的背後也有一個大大的光圈。稻盛和夫說：「我覺得，用這種手法來表現靈魂的光亮非常貼切，同時我也相信，如果我們都能磨鍊自己的心，我們的靈魂也會發出耀眼的光芒。」

　　透過稻盛和夫的話，我們就看到他的「人為什麼活著」的人生觀。稻盛和夫認為，人活著不是為了享樂或者名利，人活著本身就是一個修練心性的過程，是一個不斷放棄小我之愛向大我之愛提升的一個過程。

　　所以，人應該學習少去考慮一己之私，多為利他和服務社會著想，做人就應該這樣，做企業當然也是如此。這就是稻盛和夫人生觀和企業經營觀的源頭。

　　正是由於這種領悟，稻盛和夫才可以撥開人生迷霧，可以簡單地對事物進行判斷，去選擇做什麼和不做什麼，並且成就自己的成功人生。

　　在稻盛和夫的哲學當中，有很多來自佛教的因果思想，相信命運和因果，也相信靈魂不死。稻盛和夫說：「命運乃輕紗，因果法則乃緯紗，兩者交織的布就是人生。」

　　稻盛和夫看到了自然界的法則是適者生存，所以也發展出了「共生」的思想，並且告訴我們：動植物每個都有自我生存的「小愛」，同時也有與它物和諧共生成就宇宙世界的「大愛」，一旦「小愛」氾濫，就好像「蝗蟲效應」一般損人不利己，但是只有「大愛」，缺少對自我生存的追求也會失去成長的活力，關鍵就在於平衡的掌握。

　　在自然界當中充滿了給予眾生的大愛，整體而言過著共生的生活，因為所有的生命都了解，只求一己的繁盛必定導致對手的滅亡，而且自己的未來也會走入疲憊衰竭之途。

　　所以，佛教提出「知足」，也就成為了實踐共生生活方式的關鍵字。大自然的法則絕對不是「弱肉強食」，而是「適者生存」，這從某種意義上也驗證了達爾文的科學論斷：能夠生存下來的不是強者或者聰明的，而是適合的。

　　透過對「大愛」和「小愛」的分享，稻盛和夫發展出了他的競爭與共

生理論：競爭並非你死我活的爭鬥，而是尋找適者生存的規律；共生也並非托拉斯般的捆綁在一起形成壟斷，而是為了互補共生成一個欣欣向榮、不斷發展的和諧宇宙世界。

當我們了解了稻盛和夫的人生價值觀，那麼我們再來感悟他的企業經營哲學，就不難理解了：

➤ **回到原點進行思考**：也就是何謂正確的做人準則？「不要撒謊，不要貪得無厭，不要給他人添麻煩，要正直……」這是在 20 幾歲經營一個只有 28 名員工的小廠的時候，稻盛和夫就是依靠母親小時候教導他的做人準則在教導員工。因為稻盛和夫認為，有了規範和價值觀做指引，那麼經營就不會迷失方向。這一點也恰恰說出了企業建設中領導與員工具有相同價值觀的重要性。

➤ **建立「以心為本」的經營**：「以心為本」具體體現在對待員工要有仁愛之心，對待合作夥伴要有利他之心，對待社會要有回報之心。稻盛和夫說：「我的經營就是圍繞著怎樣在企業內建立一種牢固的、相互信任的人與人之間的關係，這麼一個中心點進行的。」

原來當京瓷創立不久，就發生了一批大學生集體向企業要求應該持續漲薪水的事件，這一事件給了稻盛和夫很大的衝擊，從此之後，他將企業經營的目標從創建一個產業內、全國、全球聞名的公司轉變為為了員工的生存和福利而戰鬥，可是正是由於這種轉變，才成就了他的企業和經營的輝煌。

➤ **遵循共生輪迴思想**：基本含義是：在保持人類社會、地球、自然界生態平衡的基礎上，讓人類與自然界形成良性輪迴。這基於一種徹底的哲學思想，是與我們經常提到的「天地人三才」的和諧、和合生態、

科學發展觀等思想是一致的。其實也就是個人、企業的發展一定要注意到共生和諧的關係。

➤ **制定光明正大、顧全大局的崇高使命與願景：**「追求全體員工物質與精神兩方面幸福的同時，為人類社會的進步與發展做出貢獻」這是京瓷的經營理念。這絕對不是一個巨大的口號，而是對真理的具體踐行。

▌向自然界學習「節制」和「知足」

稻盛和夫一直以來都崇尚向自然界學習「節制」和「知足」。而且稻盛和夫還總結出了日本進入近代以後，在大約 40 年的時間週期裡所出現的一個又一個的重大轉折：

➤ 1868 年 —— 日本脫離了以往的封建社會，透過明治維新建立了一個現代國家。以「坡上的雲朵」為目標踏上了富國強兵的道路。

➤ 1905 年 —— 日俄戰爭勝利。加入世界列強的行列，國際地位更是飛速提高。後來，又進行富國強兵，尤其向「強兵」的方向傾斜，在軍事大國的道路上突飛猛進。

➤ 1945 年 —— 第二次世界大戰戰敗。從一片焦土中向「富國」的方向推進，經濟卻取得了奇蹟般地成長。

➤ 1985 年 —— 為煞住日本巨大的貿易黑字、誘導日元升值、促進進口，日本與其他四國簽署廣場協定。這個時候，日本也迎來了作為經濟大國的高峰期，在泡沫經濟崩潰後，一直持續低迷至今。

稻盛和夫說：「看看每 40 年一次的盛衰輪迴就會明白，日本總是一貫追求物質上的富裕，與其他國家保持競爭。特別是戰後在經濟成長至上

主義的旗幟下，追求企業、個人利益最大化的野心和欲望不斷膨脹。即使在社會、經濟繼續停滯不前、要求轉變觀念的今天，情況也沒有絲毫改變。」

但是稻盛和夫認為：為了 GDP 的百分之零點幾的變動而忽喜忽憂，總是把經濟指數的成長作為唯一的「善事」，為此而爭先恐後，樂此不疲，這其實就是以欲望的煩惱為原動力，在優勝劣汰的競爭原理下，以物資的豐富為最優先的霸道哲學。也就是所謂「君子求財，不擇手段」，我們仍然沒有從這種建國模式和個人的生活態度中脫出身來。

稻盛和夫感慨道：「很明顯，我們已經不能只憑藉這樣的價值觀繼續下去了。像過去一樣，從經濟成長中尋找國家的定位，這只能使國家重複過去的每 40 年一次的盛衰，甚至衰落到堪與『敗戰』匹敵的『再一次大穀底』，這種下滑的速度將難以遏制。」

其實，國家與地方的財政赤字日益增大，行政、財政改革遲遲不能推行，就會因為人口出生率低和人口老齡化而造成社會活力下降，而這些徵兆現在已經明顯凸現出來了。如果繼續任其發展的話，那麼下一個 40 年，即 2025 年，別說展望美好的未來，國家本身恐怕都會面臨著毀滅的危機。這當然是稻盛和夫的觀點，而且他也找出了解決這一問題的辦法。

現今，我們需要確立取代經濟成長至上主義的新的國家理念和個人生活哲學。稻盛和夫認為這不僅僅是一個國家的經濟問題，更是關係到國際社會和地球環境的極其重大的課題。

只要不改變人類對經濟成長和消費的永無止境的追求，那麼有限的地球資源和能源終將枯竭，而且地球環境也會遭到嚴重的破壞。

如此下去，不僅日本這個國家將毀滅，甚至可以說，人類也將用自己的雙手毀掉自己賴以生存的地球。

　　稻盛和夫說：「作為今後日本和日本人人生觀的根本哲學，可以用一句話概括，那就是『知足』。而且，還包括因知足之產生的感恩、謙虛的態度，以及體諒他人的利他行為。」

　　自然界當中有知足生活方式的模型，食草類動物吃植物，食肉類動物吃食草類動物，食肉類動物的糞、屍體回歸土地，滋養植物，當我們站在宏觀角度來觀察，弱肉強食的動植物世界也就是處於「調和」的生物鏈中。

　　但是，與人類不同的是，動物不會自己破壞生活鏈。食草類動物如果被欲望驅使吃光植物，那麼食物鏈自然就會被切斷，別說自己的生存，後面的生物也將面臨滅頂之災。於是，它們能夠做到本能的節制，沒有超出自身需求的貪婪。

　　就好像雄獅在飽腹的時候就不在掠取獵物一樣，這其實就是本能，而且又是造物主給予的「知足」的生存方式。正因為動物們掌握了這種知足的生存方式，自然界才得以長久保持協調和穩定。

　　那麼，難道我們人類不應該學習自然界中的「節制」嗎？人類原本就是居住在自然界當中的，曾經從自然界攝取，把自己也看成是生物鏈中的一環。

　　到了後來，人類從食物鏈的桎梏中解放出來，在擺脫了生物輪迴法則束縛的同時，其實也就丟掉了與其他生物共存的謙虛態度。

　　在自然界當中，只有人類具有「高度的」智慧，能夠大量生產糧食和工業製品，並擁有提高生產效率的技術。但是過不了多久，人類的智慧就演變成傲慢，產生了意在支配自然界的欲望。

　　與此同時，知足的節制崩潰，想要更多，想更富有，最後終於陷入威脅地球環境的惡性循環當中。而當我們人類覺醒的時候，「利他」的文明之花

就將盛開，所以稻盛和夫說：「我們必須重新恢復自然節制的美好品行，應該把神給予人類的智慧當作真正的睿智，掌握如何控制自私欲望的藝術。」

　　換句話說，我們每個人都有必要實踐「知足」精神及知足的生活方式，如果對自己所擁有的一切不知足的話，那麼當更想要的也得到了的時候，你肯定還是會不滿足的。

實踐「知足」、「利他」的生活方式

　　稻盛和夫一直以來都追求「知足」、「利他」的生活方式，他曾經聽聞前京都大學的靈長類研究泰斗伊谷純一郎先生講述他經歷的一段故事。

　　伊谷純一郎曾經為了研究猩猩的生態，滯留在非洲山區裡面數個月，而且還趁機觀察了非洲原始狩獵民族的生活。在他停留的村落裡，如果需要出去狩獵，那麼全族的男性都會拿著弓箭一起出發。在第一個獵物被打倒之後，當天的狩獵就會宣告結束，所有的男人都會回到部落，並且開始瓜分獵物。

　　首先，打到獵物的人可以先切下他喜歡的部位，帶回家之後與家人分享；接著，就會按照和那個人的血緣關係遠近的順序，由父母、兄弟、姻親等關係依次分取獵物，當然，次序越靠後，分到的肉自然也就會越少。

　　而伊谷純一郎見到這種情況的時候，就會問族人：「一隻動物太少了吧，為什麼不多獵幾隻，這樣大方地分給所有的族人，讓大家都能充分享用呢？」

　　結果族人這樣回答到：「不可以，這樣一來就觸犯了我們村子的規定。有人打到第一隻獵物的時候就應當停止當天的狩獵，這是我們祖先留下來的規矩。」伊谷純一郎聽說他們從來沒有在一天之內捕獲一隻以上的動物。

　　根據伊谷純一郎的解釋，這個部落的原住居民依據本能而了解到了這樣一個道理：如果依靠自己的欲望去打獵，那麼可能當地的野生動物很快就會絕跡，到那個時候，自己也沒有東西可以吃了。所以，他們就會先衡量出當地動物可以繁衍物種的必要數量，而且會謹守在此範圍內的狩獵，從而避免在將來沒有肉可食。

　　而且更為有趣的是，伊谷純一郎的研究顯示，當地猩猩的狩獵習性也和這個部落一樣。猩猩屬於雜食性動物，通常就是就近摘取樹上的水果為食，有的時候也會捕殺剛好飛下來覓食的鳥類，變成肉食性動物。

　　由於猩猩的腕力強勁而且手腳靈活，是非常容易抓到獵物的。但是當其中的一隻猩猩捕獲到獵物之後，其他的猩猩就全部停止狩獵，一起聚集在捕獲獵物的那只猩猩身旁，開始分食捕到的獵物。

　　伊谷純一郎發現，無論是這個非洲部落民族，還是和這個部落民族比鄰而居的猩猩族群，他們都擁有這樣的智慧：儘量控制自己生存的欲望，設法能夠與整個大環境的生物共生。換句話說，他們是非常了解「能控制自己的欲望，就能夠生存」這個道理的。

　　除此之外，據說在非洲當地還有以火耕為生的種族。當伊谷純一郎到這些部落做禮貌性拜訪的時候，他們總是會拿出很多美味的食物招待他。

　　這一部落的酋長告訴伊谷純一郎，以前有一支法國的調查隊前來拜訪，在部落裡面住了很多天，他們也一樣熱忱地款待客人，結果把一年分得的食物都給用光了，最後族人只好挨餓。

　　結果伊谷純一郎聽後覺得非常奇怪，就問：「你們準備了多少存糧？」酋長回答：「我們只播種了足夠每個族人吃一年的糧食。」伊谷純一郎接著問道：「那麼有客人來訪的時候，肯定就不夠吃了，那麼為什麼不多種一點呢？」酋長說：「那可不行，部落裡的神明是不允許的。」

原來，火耕主要就是將森林燒掉，讓土地變得比較肥沃之後再進行開墾，然後種植芋頭和穀物。

由於耕種的時候不需要施肥，所以在每年都耕作的情況下，土地就會變得越種越貧瘠，自然農作物的收獲量也會隨之逐年減少。最後，當現有的土地都沒有產能的時候，就只好再燒掉另一片森林，如此這般輪流燒掉森林，才可以確保永遠有肥沃的土地可以耕作。

舉個例子來說，某個部落將周圍的森林分為十個部分，然後每十年輪流燒掉其中一部分，之後在輪到的土地上面要耕作十年。如此一來，回到第一塊土地耕作的時候就已經超過百年了，而這個時候這塊土地就已經完全恢復成為跟百年前一樣的林木繁茂的森林，這個時候如果燒掉森林再進行耕作，那麼土地依然是非常肥沃的。

如果不按照這樣的方式進行耕作，而單純為了多種植糧食燒掉更多的森林，短時期內雖然可以生產更多的糧食，但是長此以往，土地就會因為使用過度而逐漸貧瘠，可能最後因此而種不出糧食、招致饑荒。

所以，原住居民即使再怎麼飢餓，也絕對不會燒掉過多的森林，從而影響森林的再生能力。

按照時間來算，一百年差不多是可以歷經三代的時間，所以，原住居民等於說是為了自己曾孫輩的生計著想，才會嚴格遵守這樣的規則。伊谷純一郎表示，他對於原住居民的這種行為，由衷地感到敬佩。

其實，稻盛和夫和伊谷純一郎一樣，都非常讚賞這種「知足」、「利他」的生活方式。或許這些非洲原住人並沒有學過科學，也完全不懂土地養分輪迴的原理，但是就好像在他們的血液中自然擁有「共生」的遺傳因數一樣能夠把這種共生的生活方式就這樣實際代代相傳下來。

一個非洲的原始部落尚且都能夠明白知足的道理，為了能夠讓千萬種

生物能夠永遠存活在地球上，身處在現代文明社會中的我們，也應該採行知足、控制私欲的生活方式才對。

　　而稻盛和夫認為，現今，回頭看看科學發達、生活富裕的地區，所謂工業先進國的我們，生活又是如何？難道這不是在極端輕視自然、只知道滿足自己不斷成長的欲望嗎？也正因為如此，所以我們人類的欲望才永遠無法得到滿足。

　　稻盛和夫說：「日本人的生活已經如此富裕，此刻應該感到知足，設法解決地球環保問題，並幫助發展中國家的人民過上更好的生活。」

　　確定如此，具有這種共生的理念，不但可以讓生活已經富裕了的我們的人生變得豐富多彩，而且如果大多數的人都能夠擁有這種理念，相信我們一定可以建立物質和精神同樣富裕的社會。

第六章
人生要與宇宙的意志相協調

▎命運和因果法則在支配著我們的人生

　　稻盛和夫認為「命運」是織就人生的縱線，而「因果報應規律」則是人生的橫線，在他看來「因果報應」主要是指，「想善事、做善事就能產生好的結果，想惡事、做惡事就會帶來壞的結果，這是基於佛教思想的思考方式，兩者構成了人生的縱橫線。」

　　人生總是由縱線「命運」和橫線「因果報應規律」構成，比起「命運」來說，「因果報應規律」會對我們的人生產生更強烈的影響。換句話說，「因果報應規律」可以改變「命運」。

　　「命運」和「因果報應規律」是在共同影響著人生的，而且存在著時間上的差異，所以表面上看起來不具有完整性，但是如果能夠從包括來世的長時間來看「因果」，會發現原因和結果是非常一致的。

　　在人的一生當中，我們一定要掌控自己的命運，而不應該被命運所掌控。因為如果我們的意志被外來壓力所控制，那麼命運之神就會將你捲入洪流之中，這樣，人自然就成為了命運的奴隸，無法擺脫，無法超越。可是命運並不是宿命，它其實還有一隻隱性的手，在你看不到的地方跟隨著你。

　　稻盛和夫曾經提到，他自己雖然從來沒有請人算過命，但是也常聽人說到，「今年是你的吉利年，事業一定順利。」或者又說「今年是你的厄運年，個人健康、公司經營，要多加小心。」而稻盛和夫對於這一切總是能夠客觀的看待，即使在自己的吉利年有不好的念頭，或者是做了不好的事情，也一定不會立即出現不好的結果。反之，如果是在厄運年，即使想了一些，做了一些好的事情，也扭轉不了厄運的局面，好的結果照樣是顯現不出來的。而且還有一種情況就是：一個人的運氣很好，而且時常做好事，兩者疊加在一起，這種人經營事業就會有飛速發展的可能；如果運氣

不好，而且平時又經常做壞事，這個時候二者疊加在一起，那麼就會讓一個人身敗名裂。

可以說，每個人做什麼事，說什麼話，完全是由自己的思想支配的，就是從你自己身上種下什麼根一定會出現什麼樣的果一樣。而為了能夠得到一個好的結果，應該遵循因果規律法則，提升自己的思想，做益事，做善人，這樣才能夠得到豐碩的成果。

用稻盛和夫的話說就是「正確的觀念，深刻的思想，願望的強烈，必然會驅使你聚精會神、全身全靈關注於工作，且持之以恆，樂此不疲。這就是成功的種子，因此，必定會開花結果。」

在經營當中，就是打下良好的基礎，懷著一顆善心，對待員工和氣，辦事方式能夠讓人信服，這才是成功的種子。公司如果這樣經營下去，才能夠不斷前進發展，規模也會越來越大。

稻盛和夫之前說過：「命運乃經紗，因果法則乃緯紗，兩者交織而成人生之布。」其意思就是說，有的人做了好的事情，卻沒有得到回報，反而生活一如既往的困苦，可是有的人做了很多惡事，但還是金銀滿屋，也沒有遭到報應。這是因為時間差的問題。是因為作惡的人當時命運暫時處於強勢期，而好人處在劣勢期，時間一定會證明一個人的人生到底會是什麼樣的。

古語有云：「善有善報，惡有惡報，不是不報，時候未到，時間若到，一切都報。」這其實是對人命運的精闢總結，更是經驗之談，也是分析一個人一生的最好方法。

可是現在相信這種法則的人並不多，甚至很多人覺得這是迷信。這種「做壞事會遭天譴」之類的因果報應說，在很多人眼中已經變化成為哄騙小孩的權宜之計。

　　稻盛和夫說：「如果做了好事，便能馬上看到結果，或許大家就不得不承認並相信這種說法。可是，由原因立即帶出結果的事幾乎不存在。『因為命運與因果會相互干擾，比方說時運不濟時，就算自己做了一點好事，這小小的善行也會被命運強大的力量給徹底抹殺，而看不到好的結果。反之，當你運勢好的時候，即便是小小使壞，也不太會產生什麼惡果。事實往往如此。」

　　因果法則有的時候準確的讓人吃驚，原因和結果之間確實是由等號串聯起來的，也許在短時期內看起來不是這樣，可是隨著時間的累積必然會得到善因善果，惡因惡果。

　　稻盛和夫說：「因果定律的實現是需要時間的，記住這一點，始終堅持做好事，不要急於看到結果，而是一點一滴地去努力累積善行就好。」

　　稻盛和夫一直都相信因果法則的存在，他認為這是因為它符合自然之道。稻盛和夫極力從科學和哲學兩者相結合的角度去解釋這種「天理」，他說：「宇宙物理學中有關宇宙大爆炸的學說已被廣為接受。據說 130 億年前，某個超高溫、超高壓的基本粒子的團塊，經大爆炸形成現在的宇宙，而且它還在繼續膨脹。」

　　而基於宇宙的進化，稻盛和夫仍然認為，我們不得不承認宇宙中存在一種促使森羅萬象發展進步的力量，如果用擬人的說法，不妨稱之為「宇宙的意志」。也有人把它稱為宇宙中無時不在、無處不在的「愛」。

　　其實這種「意志」、這種「愛」就是我們所說的「因」，而宇宙的進化就是「果」，因果法則就是主宰宇宙的根本法則。宇宙當中如果沒有促使萬物更新的「意志」，那麼宇宙就不會成為今日的宇宙。

運用因果法則可以改變命運

　　老天決定的命運其實是可以透過自己的力量來進行改變的。不斷思善事、做善事，因果報應的法則就能夠發揮作用，也會讓我們度過一個比命運好得多的美好人生，日本的安岡先生稱這為「立命」。

　　但是在現實生活當中，相信天命、相信因果報應法則的人其實並不多，更多的人認為這並不是一種科學的說話，而是付之一笑。根據近代科學，很多人都認為這屬於迷信的範疇，因果報應也只不過是在道德教育方面的一種把戲，例如大家經常說的：「做壞事遭報應」。當然，憑著現在的科學水準還是無法證明這種看不見的神奇力量的存在。

　　如果說在你做了好事之後就立即表現出好的結果，也許人們會堅信不疑。但是，由於一些原因可能導致某種結果的事情在你做完了好事之後幾乎不可能發生，或者說並不一定今天做了好事明日就有好報。

　　其實就好像是 1+1=2 那樣，產生結果 B 的原因一定是 A，但是因果關係卻很少能夠用這樣如此明確的方式表現出來。

　　原因很簡單，就好像我們剛才說到的那樣，命運和因果報應的法則是互相交織著、支配著我們的人生，它們相互影響。比如在命運惡劣的時候，即使你做了一點好事、微小的善行被強勢的命運抵消，到頭來還是不能夠帶來好的結果。同樣的道理，在命運極佳的時候，即使你做了一點壞事，自然也不會因為這一點惡因就造成惡果，其實這樣的事情在我們每個人的生活中經常發生。 但是，稻盛和夫卻認為：稍安勿躁，因果一定有報。因果報應法則是很難被人看清楚並輕易相信的，這是因為人們只能夠用很短的時間來衡量和判斷事物。

　　思想、言行作為結果表現出來當然是需要相應的時間，在兩三年這個

短暫的時間單位裡面是很難看出結果的。可是，如果能夠用 20 年、30 年這麼長的時間跨度來觀察，我們就會發現原因和結果居然是如此的吻合。

現在，距離稻盛和夫開創事業也已經過去 40 多年了，而在此期間，稻盛和夫見過了許許多多人物的盛衰歷史，如果用 30 年、40 年的時間跨度來看，那麼幾乎所有的人都是在各自的人生當中得到了與日常言行和生活態度相吻合的因果報應。

用長遠的眼光來看，誠懇的、不吝惜善行的人是不會永遠時運不濟的，而懶惰、敷衍了事的人更不可能榮華一世。

的確，做了壞事的人也許會有小人得勢，而努力做善事的人也許會一時命運不濟，人生低迷。但是隨著時間的推移，這些終將會得到修正，終將得到與各自言行或生活態度一致的結果，逐步趨近於與此人相稱的境遇。

當我們發現原因和結果居然是如此可以用等號連接的時候，是多麼的令人驚訝。稻盛和夫也說道：「短期不一定如此，而長遠角度看，善因通向善果，惡因招致惡果，因果關係非常符號邏輯。」

曾經有人提出過成功的三要素，但是在當中並沒有提及命運，這是不是不夠完整呢？是不是命運和成功毫無關係呢？

天有不測風雲，人有旦夕禍福，命運終究是不能完全否定的。其實在成功的三要素當中，先天的「能力」也包含部分命運的成分。

稻盛和夫說：「人生由命運（經紗）和因果法則（緯紗）交織而成。所謂因果法則，就是說在正確理念指引下努力奮鬥，就能創造人生的輝煌，乃至根本上改變命運。」中國也有「精誠所至，金石為開」，「自助者天助」的名言，可見，三要素的乘積越大，那麼成功的機率自然也會大大提高。

在很多年之前，有一位父親，他的兒子考上大學的時候，這位父親寫給他一封信，其中有以下這麼幾句話：「欣悉考入橫濱國立大學經營學部，爸、媽為你感到驕傲。你有做企業家的欲望固然是好的，至於將來能否成為一個成功的經營者，主要看你自己的努力程度，努力是否得當，也看時運，看你周圍的大環境，小氣候，現在還難以預料。」

可是當這位父親在接觸和學習了稻盛和夫的哲學之後，他的這一觀點有了改變，或者說發展。這位父親告訴兒子：「我相信你將來一定可以成為成功的經營者。既然你能考上橫濱國立大學，在就職的時候又能考上有名的野村綜合研究所，證明你的天賦能力算中等偏上。而根據稻盛和夫的成功方程式，要獲成功還需要兩個條件，一個是不懈努力，二是觀念對頭，而且這兩個條件缺一不可，但是也只要有這兩條就行。當然，這兩個條件不是先天條件，全靠人為。換句話說，你完全可以做到，而絕對不是不能做到。當然，像稻盛和夫這樣出色的大企業家，屬稀貴資源，高不可攀。但是像你爸一樣，當個稍有作為的小企業家，或比我更有出息，應該沒問題，而能這樣也就不錯。」

其實，這位父親現在已經不再提時運或者是環境了，也就是與命運有關的因素。而是認為過分地強調命運的作用，反而不是一種積極有效的思考方式。

種瓜得瓜，種豆得豆，一定會各得其所

其實我們每個人的命運都是掌握在自己手中的，只要你能夠不斷地克服困難，堅持再堅持地去做自己所認可的事業，那麼努力總是會有結果的，雖然有的時候不一定是你所希望的結果，記住，在困難面前千萬不要輕易低頭。

稻盛和夫說：「也許有人會說，命運是一出生就決定了的。但是，我相信透過不斷提高自身修養和素養，命運也同樣可以改變，高尚的情操是可以感天動地的。」是的，認命的人，是無法擺脫不幸的，更不會減弱不幸，不會驅走不幸。而只有拚命的人，才能夠讓不幸變成幸運，才能夠把失敗轉化為向前進的力量。

拚命是一種勇氣，是一種力量，拚命也是我們生存的一種姿態，這是比站起來更加重要的姿態，是強者的象徵。只有抱著一往無前的精神和必勝的信念，拚命做好每一件事情，那麼才能夠達到卓越的巔峰。

稻盛和夫說：「作為人，我們真的應該明白不管命運是否注定，人都應該向著自己的夢想去努力，人生的意義不在於追尋命運的足跡，而在於不管什麼命運，只要按照自己的意願去生活就不會偏離命運。」

其實，我們每個人都是一樣的，誰也不是神仙，稻盛和夫也曾感嘆命運不公。「為什麼我的運氣就是這麼差？為什麼我連買獎券，都會發生前後號碼都中獎，唯獨我落空的事？既然老是揮棒落空，乾脆……」他的心也曾經出現過往錯的方向傾斜。稻盛和夫後來回憶說，如果當時的他真的走上那條路，也許現在就成功不了了。而且在那樣的環境裡，就算再有勢力，只要根本的想法是負面的、錯誤的，思維就會出現偏差，就不可能有真正的幸福，自然人生道路也不可能是一條坦途。

人是善變的動物，想法經常改變，而人的命運也就會隨之發生變化。剛開始的時候，稻盛和夫一直運氣不佳，他出身貧困，少年就患肺結核，國中考試兩次不合格，高考落第，就職時又進了一個連年虧本的破企業，讓他自己都感到心灰意冷。可是，當稻盛和夫下決心轉變心態，全身心投入工作的時候，他的人生就此出現了轉機。

在命運不斷地抉擇下，稻盛和夫創立了自己的京都陶瓷公司。公司在

剛開始營運不久，就有幾個年輕人由於公司的薪水待遇不滿而要求定期漲薪水和保證獎金發放。當時稻盛和夫雖然用了幾天幾夜進行通宵的談判，做通了他們的工作，可是這件事情卻深深觸動了他。為此，稻盛和夫調整了公司的理念，將過去單純追求利益轉變為保障員工的生活。

稻盛和夫曾說：「因為我在小時候就受到過佛教關懷他人的影響，所以創業的時候也受到了佛教中關懷他人的影響，在創業的時候就沒有過自己將來想要成為一個大富翁的想法。而這幾個年輕人的鬧事只是一個刺激罷了，讓我認識到了保障員工的未來生活是多麼的重要。我之所以要把企業搞得越來越出色，目的很簡單，就是要讓京瓷的員工能夠安心的工作，度過自己的一個幸福人生。也正是從我轉變經營目的之後，我就可以直截了當地跟員工談我的一些想法了。而且我也會夜以繼日的工作，也可以堂堂正正地嚴格要求他們了。假如我是為了一己私利的話，那麼我就不可能做到這一點。京瓷的成功，也是這種經營思想轉變帶來的。」

是的，稻盛和夫不再受命運擺布，掌控好自己，而且不斷進取，為員工的利益著想。稻盛和夫說：「生活中，成功者之所以獲得成功，是因為他們能夠扼住命運的咽喉，能夠掌握自己的命運，而不是由命運來擺布自己。」

在生活中，我們可能會遇到這樣的現象，當一個人在某方面取得了成功，在很多人眼裡，這種成功總是會被稱為是「運氣好」。其實不然，有很多成功的人都是經過各式各樣的逆境和磨難，最後才獲得成功的。而這些成功的人，也和稻盛和夫一樣，不在乎什麼好運氣，壞運氣，只知道踏踏實實、做到切實努力。因為他們相信透過自己不懈的奮鬥，成功一定會屬於自己。

稻盛和夫說：「就算那些歷經大起大落，開創自己命運的人，他們所經歷的高潮與低谷，幸與不幸，全都是受到自己的內心牽引而來。凡事歸

咎其因，播下種子的總是自己。」

命運確實是伴隨著人生而存在的，但是命運並不是人不能與其抗衡的宿命，而是會隨著人的心態產生各種變化的。

所以，命運掌握在我們每個人自己的手裡，人生需要自己去開創，最關鍵的就是掌控住關乎命運的心態。

世間萬事萬物都需順應宇宙的意志運行

宇宙存在一種生生不息，促成萬物的生成與發展的意志和力量，或者說是氣與能量之類的東西，而這也是一種「善意」力量，從以人類為代表的生物到無生物，讓所有的一切都通向「善意方向」。

善有善報的因果報應法之所以成立，就例如基本粒子不停留在基本粒子狀態，而是反覆與原子、分子、高分子結合，不斷進化，而之所以能夠完成，都是由於這個力量促使的。

稻盛和夫說：「使包羅萬象的一切成長發展並引導生物轉向善的方向——這就是宇宙的意志，換句話說，宇宙中充滿這樣的『愛』和『慈悲之心』」。

所以，遵循這個大的意志，也就是我們所說的愛，並具有與之協調的思維方式和生活態度才是最重要的。善思善行本身就是向善的宇宙意志，所以帶來好的結果，取得優異成果也就是理所當然的事情。

稻盛和夫一直以來都崇尚感謝、誠實、勤奮工作、率真之心、不忘反省的心情、不憎恨、關心他人的利他之心等等，因為這些善思、善行都是順應宇宙意志的行為，所以，必然能夠引導人們走向成功、命運也將變得更好。甚至可以說，與宇宙的意志或趨勢和諧與否必將決定人生或事物的成敗。

這其中的原理是非常簡單的。宇宙自身具備使一切更好的意志，能夠促使從屬於它的一切萬物成長發展。所以宇宙中的一切事物不斷成長、發展這些都是必然的，我們人類也不例外。如果思維方式、生活態度與宇宙的意志相同，那麼我們的工作和人生也一定會變得更加通暢順達。

稻盛和夫認為：生命不是偶然因素的重疊，而是宇宙意志的必然產物。其實這種觀點很早就存在了。築波大學名譽教授村上和雄先生說「something great」，也就是明確說出了造物主的存在。

村上和雄先生也是全球非常有名的遺傳基因研究的權威，據村上和雄先生所說，從事遺傳基因研究後，不得不認為宇宙中有不為人知的不可思議的意志在發揮作用。

所謂遺傳基因，不管是人類、動物、植物或者微生物酶或大腸桿菌等原始的生物，全都使用由四個文字構成的「密碼」，寫入各種資訊。而且令人驚嘆的是，人類這樣的高等生物居然也是由這四個文字組成的資訊構成的。

人類的每一個細胞當中寫入了 30 億個遺傳基因資訊，把這樣的信息量用書籍的厚度來換算的話，那麼竟然有 1,000 冊厚達 1,000 頁的書那樣龐大。在構成人類基因的 60 億細胞中，每一個細胞其實都是被寫入了如此龐大的資訊。

而且讓我們更感到驚訝的是，寫有這些遺傳基因資訊的 DNA 相當的精緻細微。地球上居住的 60 億人的所有 DNA 聚集在一起，也只不過是一粒米粒的重量。

就是在如此細小的空間當中，整然有序地寫進了如此驚人、龐大的資訊，而且還沒有受到絲毫的雜亂無章的影響。特別是地球上存在的所有生物，都由相同的四個文字構成的遺傳基因密碼形成。

　　這不能不說簡直是一個奇蹟，很難想像那是因為某個偶然原因自然形成的。如果不假想存在著超出人類想像、掌管宇宙整體的「某種偉大的東西」，就無法做出說明，為此村上和雄先生把這種存在取名為「something great」。

　　Something great，雖然我們還不知道它是什麼，但是正是它創造了宇宙和生命的偉大。

　　而稻盛和夫卻認為這是宇宙的潮流或意志。不管是什麼，這些單憑人類有限的能力是不可能知道的。

　　可是即使這樣，稻盛和夫還是堅持認為應該，並且肯定存在著「某種偉大的東西」。否則的話，就不能說明宇宙的生存發展以及神祕精細的生命結構。

　　其實我們人類只不過是從這個偉大的存在那裡借來生命力，並且加以使用。也就是宇宙遍地存在著成為造物主神奇之手的生命能源，能夠給任何事物不斷地注入「生命」。這就是「使所有存在都有生命」的宇宙的愛和力量。

　　稻盛和夫舉了一個例子，在 30 多年前，京瓷公司首次成功合成再結晶寶石的時候，稻盛和夫就曾經感覺到宇宙的意志。這種與天然寶石完全相同結構的人工寶石，是將與綠寶石成為完全相同的金屬氧化物從高溫狀態慢慢冷卻製成的。

　　而在冷卻的過程中，需要加入像種子那樣微小的天然結晶再培養使之重新結晶。但是，加入種子的時間很難把握。過早的話，會因為高溫而熔化，太遲又不能很好培養。結果，經過了長達 7 年的反覆實驗，終於成功合成了再結晶。

　　就這樣，在分毫不差的合適時間裡放入天然小結晶，並且親眼看見它

們「成長中」的樣子，真的就好像看見生命的成長一樣，而稻盛和夫認為這其中一定有一種神奇的力量在驅使著它們。

也正像例子當中所說的一樣，稻盛和夫切身感覺宇宙中確實「存在」一種無形的神祕力量。它把物質看作生命體、使一切都有「生命」，沉靜且有剛強的意識、願望、愛、力量、能源……

而且稻盛和夫認為，這股力量遍布於無限的空間，成為所有生命力的根源，掌管著萬物的誕生、成長、滅亡，也就是一切事物、現象的母體，又是一切事物、現象的動力。

「宇宙的意志」、「Something great」、「造物主看不見的手」，無論我們把它稱作什麼，我們都應該和稻盛和夫的認知一樣，相信它不僅決定了人生的成敗，而且能消除人類傲慢的罪惡，並且給我們帶來謙虛的美德和善行。

▎充實每一天，人生應該不斷地增加它的價值和意義

稻盛和夫說：「洋溢著滿腔的熱情、努力認真地過好每一分鐘。埋頭苦幹眼前的工作，心無雜念的充實地度過每一瞬間，這樣就能開闢通向美好未來的道路。」

的確如此，我們人活著就需要有目標。追求事業有成、家庭和諧，而如此幸福的生活就是要靠自己的努力爭取。當一個人為了追求自己的幸福，就有了為之奮鬥的欲望，而為了人生的奮鬥目標就必然能夠讓自己努力工作、努力創業，在工作和創業中尋找樂趣，同時也會讓單調乏味的工作充滿樂趣，讓自己無憂無慮，身心健康，生活和平而安逸，快快樂樂地過好每一天。

當然，為了充實地過好每一天，我們就需要不斷增加人生的價值和意

義，這就要求我們不能無鬥志、信心、毅力，當我們遇到暫時的一些困難和挫折的時候，千萬不要動不動就心灰意冷，如果是這樣的話，那麼我們就可能遭到世人的種種手段而艱難生存。

所以，為了能夠讓自己生活的更加幸福，就必須樹立人生的奮鬥目標，盡自己最大的努力去實現這個目標。當自己去努力了，那麼在他實現這一目標的過程當中，心情就會特別快樂，必須要磨鍊自己的意志，並且能夠經得起生活的磨難、工作的挫折。

稻盛和夫曾經說過，在公司他是不做長遠的企業計畫的，也就是說，如果連今天的工作結果和明天的工作都不知道在什麼樣的情況下做好，那麼更何談以後，又如何預見未來呢？所以，稻盛和夫告訴自己：「要認真地過日子。」「假如自己每天都努力工作，並設法改善一些事情，或許就能預見明日的光景。一天天累積起來的就非常可觀——五年、十年後的成就必然會輝煌」。而且他將此作為自己的研究和公司管理的主要原則。

稻盛和夫還認為，努力過好今天這一天是非常重要的。無論樹立什麼樣的人生目標，如果不能夠認真面對每日樸實的工作，不懂得累積業績，那麼是不可能取得成功的。偉大的成果除了努力累積之外就沒有別的辦法了。

而這也要求我們需要確立一個正確的人生觀和世界觀。如果一個人有了正確的人生觀和世界觀，那麼這個人就能夠對社會、對人生、對世界上的萬事萬物保持一個正確的態度，能做出適當的行為反應，也可以讓我們站得高，看得遠，可以做到冷靜而穩妥的處理各種問題。

當然，我們沒有必要對自己過分苛求，應該把奮鬥目標制定在自己能力所及的範圍之內，盡量讓自己有圓滿完成目標的可能。這樣以來，你的心情就會十分愉悅，從而學會自我調控情緒和心態，可以排除不良的情緒，讓自己在愉快的環境當中度過每一天。

　　稻盛和夫說：「胸中必須時刻有燃燒的願望和激情，隨時隨地「極認真」地面對生活中的每一件事情。透過這些過程的反覆、累積形成我們人類的價值，使我們人生這臺戲更充實、更完美、結出豐碩的果實。」可見，要想充實自己的生活，那麼每天就必須保持良好的心態，找到自己真正感興趣的事情，或者是投身於自己的工作之中。其實，我們每個人都有自己喜歡的事情，只是有些人發現了，而且認真去做好了。

　　稻盛和夫認為，假如你不重視每一個今天，拚命認真去度過的話，自然不會看到明天。總而言之，我們不需要把眼光一直緊盯在長遠的未來，只要你懂得此時此刻傾全力去做，原來那些遙不可及的未來，不久之後自然也就會出現在你的眼前，你的人生價值和意義也將變得越來越充實和完美。

　　可見，充實每天的生活就需要我們專注於自己的工作，千萬不能夠漫不經心，一定要讓自己全身心的投入。

　　稻盛和夫曾經說過：「回首自己這一路，其實就像烏龜一樣，是一步一步慢慢爬出來的。平淡無奇的每一天持續累積下來，公司的規模不知不覺變得越來越大，而我也到達今天的位置。」所以說，與其對自己未知明天的預測或者說對未來的煩惱，不如讓我們自己把力量都放在此刻，充實每一個今天。因為，只有充實地過好每一天，才會逐漸形成預測未來的能力，也會讓我們的人生變得更加完美。

▋別怕不完美，一直努力，不半途而廢

　　稻盛和夫在中學的時候，曾經參加學校組織的一項一百公里徒步訓練。這對於一個十三四歲的孩子來說，這項活動的艱苦性是可想而知的。

　　才剛走了兩天，稻盛和夫的腳就打起了血泡。曾經有好多次，稻盛和

夫都想停下來躺在地上。但是，每當有這樣的念頭時，在稻盛和夫的耳邊就有一個聲音在提醒他：躺下去便是懦夫！打起精神，走下去！就這樣，他咬牙掙扎著繼續前行。

不僅如此，稻盛和夫還會鼓勵大家一起咬牙堅持，當時一些體弱的同學實在支持不住，累倒了，他甚至還會背他們一段路程。漸漸的，稻盛和夫感覺自己已經逐漸適應了這種艱苦的跋涉，身上背的東西也好像輕了許多。

稻盛和夫後來成為了日本歷史上最偉大的企業家之後，他說：「我之所以在以後做事能不半途而廢，長途步行給我的啟示最大。我知道：面對困難，人唯有迎接挑戰而不是迴避挑戰，才會有真正的成長。你戰勝困難一次，就更強大一次。」

我們想想，假如稻盛和夫在遇到困難，感覺痛苦的時候選擇放棄，那麼他是否能夠取得那樣大的成就呢？

稻盛和夫的經歷也恰恰說明瞭一個道理：痛苦往往是成長的「增力器」。躲避痛苦，就是躲避成長。

成長就好像蟬蛻，過程是非常痛苦的，但是沒有這種蛻變，就不會有力量的增強，更不會有新生。

其實關於這一點，孟子有一段名言：「故天將降大任於斯人也，必先苦其心志，勞其筋骨，餓其體膚，空乏其身，行拂亂其所為，所以動心忍性，曾益其所不能。」正是這段名言，也曾經激勵了古往今來的千萬豪傑，使其勇於承擔苦難，走向新的起點。

國外的一些思想家、作家，也都是以不同的方式表達了類似的觀點。比如尼采：「來自生活的戰爭學校——那沒有殺死我的，將使我更加堅強。」如池田大作：「不管怎樣，一個人必須具備好將一切環境當作磨鍊

自己、鍛鍊自己走向人的完成之路的場所。只有當一個人勇於面對苦惱和命運、勇於向自身搏鬥、進行挑戰的時候，『胸中的珠玉』才會得到研磨，自身的人生才會開闢出堅定的道路。」等等。

這其實就體現了痛苦的建設性作用。所謂建設性的痛苦，也就是從其給人的感受來看，是痛苦而無法接受的，但是從這份痛苦給人帶來的效果來看，卻對人類造就了進一步的成長和力量，所以，我們不能排斥，而應該勇敢承擔。

人必須承擔「建設性痛苦」，還有一個重大的原因：和竹子一樣，我們人往往也是「一節一節成長」：每過一道「坎」時，都會充滿顫抖般的戰慄和緊張感，也會讓你深深感到那種自我失去保護的痛苦，那種類似母親分娩的痛苦，所以，你必須將力量集中到一點上來。闖得過去就意味著你上了一個臺階，闖不過去，那麼就意味著成長的失敗。

所以，當你遇到人生的「關鍵」時刻，這個時候生命的緊張和痛苦會彙集到這一點上來，而你必然會比平時感到加倍的難受。但是這是一件好事，並不是什麼壞事。如果缺少生命顫抖般的戰慄和掙扎感，那麼就意味著你或許還沒有觸及到成長的關鍵點，最終就難以有所成就。

其實現實中，那些害怕痛苦，知「難」而退的人，往往在心裡給自己埋下了兩個前提：一個是：事情能夠一帆風順；另一個是：自己不要費太大的勁。

正是這兩個前提，經常會導致人遇事就抱怨：「怎麼那麼難？」、「憑什麼要我做這種苦差事？」其實，這往往都是我們假想的前提。假如你能夠明確兩點：第一，人的成功，大多在遭遇「不」後做成；第二，自己必須為排除困難而努力。如果將這兩大前提進行了改變，那麼局面就會大為改觀。

曾經有一位著名的推銷員切身體會，對這一理念作了很好詮釋：把推銷簡單理解為「推銷我們的產品」，這只能得到 60 分；銷售的關鍵卻在「說服那些應該使用我們產品的人，來購買我們的產品。」為什麼？因為前者根本上是消極的，但是後者卻暗藏了一份前提：你首先必須面對的是：困難以及困難帶來的難受，唯有向這份困難與難受挑戰，你才可以取得不凡的成績，充滿主動。

其實，厭苦喜樂，這是人的本性。但是人們怕苦，除了不喜歡痛苦之外，還與低估了自己受苦的能力有關。其實，人對痛苦的承受是有潛力的，人只要勇於開拓這種潛能，說不定會創造奇蹟。

人人內心深處都具備真善美

人類為什麼要苦苦追求真善美，但是卻又說不清什麼是真善美呢？原因就是真善美是三個知行合一的詞，就像道德一樣，其實「道德」一詞既包括道德觀，也包括道德行為。

那麼究竟什麼是知行合一？知行合一就是在沒有外力的影響下，人們的意識與行為是相一致的。換句話說，意識決定行為，有什麼樣的意識就會有什麼樣的行為，有什麼樣的行為，那麼必然就會有什麼樣的行為意識存在。

就拿道德來講，其實就是道德觀決定道德行為，道德行為來自道德意識。道德行為包括道德言行和道德體行，也就是身體力行。道德言行又包括道德語言和道德文言。而因為道德存在著很多內涵，所以道德的概念很容易被模糊，而真善美的概念也是如此。

在現實當中為什麼經常出現知行不合一的現象？假如用道德來講，就是因為有些人道德水準很低，但因為存在有道德感應定律和非道德感應定

律，所以那些道德水準不高的人在公共場合就不敢講真話，不敢講自己真正的道德意識，而且經常說出一些不符合自己意識的，自己又做不到的，不真實的大道德語言，也就是口是心非，由此造成社會上的知行不合一的現象隨處可見，但是他們的道德行為必然會反映出他們的道德意識水準。

真善美的「真」其實就是要求人們要真誠待人，不要虛情假意，更不能夠心存不良。「真」是一個知行合一的詞，包括真心和真行，真心就是真心為人好的意識，比如刀子嘴豆腐心的「心」就可以算得上真心，真心為人好的「心」，再比如菩薩心也是真心。

而真行就是真心意識下的行為，包括真言行和真體行，真言行就是真心意識下的言行，包括真語言和真文言，真語言就是真心的話，例如問寒問暖，推心置腹，諫言都屬於真心的話。真文言就是真心的文章，比如諸葛亮的《出師表》等諫言文章這些都屬於真文言；真體行就是真心的身體力行，比如鞠躬盡瘁死而後已，忍辱負重，俯首甘為孺子牛等真心為人民服務的行為就是真行。

真善美的「善」就是要求人們不但不要做有損於他人利益的事，而且還應該多做有利於他人以及社會的事，能夠不計報酬，不計名利。也就是說，做善人，要有善心，要有善行。只有這樣，我們的社會才會更和諧，更溫暖。

善心與真心一樣，都是為人好的意識或思想，也就是說它們兩者都屬於「好心」，而它們的區別就在於「真心」的表達率直，可能還不好聽，不好受，甚至還可能招致殺身之禍；但是善心的表達則比較婉轉，好聽和受用，所以善人往往也被稱為「老好人」。

為此我們可以知道，「真善美」之「真善」就是要求人們去做一個為人好的真（誠的）人，就是要求人們去做一個為人好的善（良的）人，那

麼「真善美」的「美」就是要求人們去做一個為人好的「美」人。很明顯，美人應該是比真人和善人是更上「檔次」的人，因為真人和善人是能給他人帶來利益的好人，因為人的最終追求是幸福，所以，美人就是能給他人帶來幸福的人。

美作為對人的要求來講，就是要求我們每個人要做美人。什麼是美人呢？美人就是能給人們帶來幸福的人。美人包括美男子和美女，他們通常是他們粉絲們的偶像，如果粉絲們能與之握握手，合個影，那麼粉絲們就會感到幸福或快樂。

而稻盛和夫認為：真行，善行，美行均來自於真心，善心和美心。因為人是時代的產物，所以凡是具有真心，善心，美心的真人，善人和美人都來自於真時代，善時代和美時代，所以一個充滿真善美時代的社會一定是人類理想的社會。

就在「京瓷」公司創建之初，是一個缺乏資金、缺乏實績、缺乏社會信用的街道工廠，稻盛和夫本人不僅缺乏經營的知識和經驗，而且還是依靠僅有的一點技術，以及 28 名互相信任的、心心相印的同志。

其實，稻盛和夫知道自己個人的那一點技術是不足以支撐企業長期發展的。那麼，可以依靠的就只有人心。稻盛和夫說道：「只要 28 人齊心協力，事業就可以成功。」

而人心就是具有一個看不見的特點，這也正是所謂的人心難測；另一個是它複雜矛盾，所謂人心微妙；還有一個就是人心易變。但是，不管怎麼樣，人心的本質還是「真善美」。只要領導人能夠自己帶頭，把這個人心的本質或者說把人心的本質發掘出來、發揚光大起來，就讓 28 個人一條心，在「追求全體員工物、心兩面幸福的同時，為社會的進步發展做出貢獻」這一共同理念之上，形成心心相通、高度信任的團隊，那就會產生

一種無形的力量，這種力量無比強大。

所以，稻盛和夫為了能夠與大家建立一個在互相理解基礎上的心心相連、互相信賴的關係，他傾注了大量心血，與員工就像親兄弟一樣，與大家無話不談。

在人的本質當中，就是人的「真善美」的思想裡，隱藏著巨大的力量。靠著這種力量，一個三流大學的畢業生，赤手空拳，最後帶領 27 名員工，而且其中大多數是國中畢業生，就是以這些人為骨幹，在後來的 40 年時間裡，居然創建了京瓷和 KDDI 兩家世界 500 強企業。

災難來臨，不可消沉，要積極面對

一個人只要擁有夢想，就沒有誰能夠將他徹底打倒；一個人只要充滿了希望，那麼就能夠征服他想要達到的高峰。

稻盛和夫經常這樣說：「我們絕不可能完全擺脫痛苦和煩惱。但是，即使處於最低潮，我們仍然可以努力，不失去對明日的希望。」人們常常埋怨「事不遂願」，但是他們不知道，正是因為他們心裡原來就有「事難遂願」這樣的想法，後來才有「事不遂願」或者「事與願違」的結果。

在事業的發展階段，稻盛和夫曾經對員工「誇下海口」，說公司有朝一日一定會躍居世界第一，這對於當時的京瓷來說簡直就是一個遙不可及的夢想，但是這卻是他們一種勢在必得的願望。為此，稻盛和夫和他的同事們為了目標，不斷努力，不斷進取，努力做好每一項工作。

稻盛和夫曾經舉了一個例子。有一次，他在實驗製作某項產品的時候，發現每次東西只要一放入實驗爐中經過火燒，就會像烤魷魚一樣東翹西翹，做出來的產品簡直就是慘不忍睹。後來稻盛和夫終於發現翹起來的原因出在施壓方式不同，導致粉末密度產生差異。

但是具體要控制粉末的密度這是非常難做到的。所以，稻盛和夫苦思冥想不斷嘗試，但是結果仍然不夠理想。在爐邊觀察其翹起的原因之後還是沒有結果。這個時候的稻盛和夫壓力很大，真的有一股想用手從上往下壓的衝動，也正是這種衝動成為他得以解決問題的關鍵。後來，稻盛和夫試著在產品的上方用一個耐高溫的重物壓住，果然成功的燒出了平平整整，而且毫無浮凸的成品。

為此，稻盛和夫也經常激勵員工道：「說什麼沒辦法、做不下去了，現在只不過是中途站罷了。只要大家使出全力撐到最後，一定會成功的。」

稻盛和夫這樣說道：「上蒼不會無視一個人真誠的努力和追求正確的決心，他會給每一個認真努力過的人以最好的回報，也許開始並不順利，但只要堅持下去，就會打動上蒼，會在你最需要的時候幫助你度過難關，解決難題。」

即使處於最困難的時期，我們也不要失去希望，黎明的曙光終將會到來的，等待黎明出現的時候也需要我們堅持下去，絕不放棄。只有這樣，勝利的曙光才會照耀到堅持到最後的你。

▍不斷地用理性和良心磨鍊心性

我們每個人都想度過美好的一生，而這離不開修行。稻盛和夫一直以來以釋迦摩尼所宣導的六波羅蜜作為參考，認為有布施、持戒、忍辱、精進、禪定、智慧這六項修行，也就是釋迦摩尼所說要具備和善、關愛之心。

稻盛和夫說：「修行不僅可以使心靈變得美好，而且可以遠離不幸和災難，開啟新的人生。」

　　修行的第一步叫做「布施」。就是救助他人，換句話就是人們現在所說的「關愛之心」、「和善之心」。也就是要發自內心地給予他人幫助，不僅僅是在物質方面，還包括精神上的鼓勵、做一些力所能及的事情等。當然，布施我們也可以說是給寺廟的香火錢，給僧人的谷米。即使現在沒有錢，也可以盡力，也應該盡心。

　　稻盛和夫說：「對人充滿愛心，樂善好施，不拘於物質，也包含精神支援，堅持不懈，就是修道，就能提高心性。他認為人越到耳順之年，人就慢慢的越來越心平氣和，懷有寬容的心，始終保持寧靜與柔和的狀態，追求和諧。」

　　如果一個人和善、關愛之心常在，那麼他就會多為他人著想，也就會擁有一顆關愛之心，能夠以寬厚仁慈的心待人接物，也是愛己，這樣你會生活的更加安心踏實。擁有和善的心，掌握並珍視，凡事成人之美，與人為善，久而久之，那麼我們的心性就會得到提升。

　　心境決定著心情和心態，心情和心態又決定外在的表現和狀態，有美好、快樂心態的人，他們在與人相處的時候，總是會把快樂和幸福傳遞和感染自己周圍的人，而在用關愛、和善美好了自己的同時，其實也美好和感動了身邊的別人，而周圍世界回饋自己的，當然也就是美好、和善和快樂。

　　稻盛和夫始終遵循這一原則，努力為他人服務，關愛他人，幫助有困難、貧苦的人們，一直到現在。

　　其次是持戒。也就是要遵守戒律。釋迦牟尼將自己不可以做的事情定為戒律。但人們在不知不覺之中就會違反戒律，這時候就需要進行認真的反省，不許自己再犯類似的錯誤。

　　第三是忍辱，就是指無論處境如何艱難都必須忍耐，不能怨天尤人。忍辱的本身就是磨鍊心智的過程。

　　因為我們的人生不可能一帆風順，會經常遇到艱難險阻。這個時候，一定要忍耐，專心致志、不懈努力。千萬不要被它們嚇倒、壓垮，這樣心志就可以得到磨鍊、人格得到提升。

　　當然，忍辱也絕不是單單的對待逆境，其實順境有的時候更容易令我們動心，更不容易忍。

　　有些人對於別人的譏諷也許能忍，可是別人稱讚他幾句，就不知身在何處了。所以對順境我們也應當下一番功夫才行。

　　稻盛和夫說：「能忍的人才能精進」。其實就是說，無論是什麼事情，都是能忍才會進步的。這樣，才能擴大心量，累積功德，也就達到精進的一步。

　　第四項是精進，就是指無論做什麼事都要專注，心無旁鶩，精益求精、全身心的投入，只有這樣才可以鍛鍊人格，提高心性。

　　第五項是禪定。也就是說每天抽出片刻時間，將心靜下來，回顧自己一天的行為。我們的人生時常起伏，經常會遇到各種好事和壞事。這個時候就需要靜坐思考，將動搖不安的心鎮靜下來，不要妄動，從而更好的反省自己，修正自己，以此磨鍊心智。

　　稻盛和夫提出佛教的所謂「禪定」，就是靜心。心神不定，就不可能把複雜的事物簡單化。只有當你把心沉下來，六根清淨，才可能看到事物的真相，才能看到現象背後的本質。

　　當我們用坐禪的心態進行思考，就可以發現真理。為此，稻盛和夫就一直堅持著幾十年如一日的打坐，他說：「要成為領導人物就必須具備這樣的才能，這也是一個重要的心理訓練程式。」

　　當然，有的人可能會認為他的這句話未免有些片面，但主要是在說明一個成功的領導人就應該對任何事情有定力，不能因為一些事情就暴跳如

雷，一定要有領導者的風範。

稻盛和夫曾經說，自己每天念白隱禪師的「坐禪偈文」，注意平心靜氣。他認為，每天至少一次，平心靜氣地深入思考問題是非常重要的。

但是在現代社會當中，很多人是沒有時間坐禪的。所以，禪定不僅僅是指花時間去切切實實地做，還指讓我們靜下心來認真思考一天所發生的事情。

如果僅僅是依靠頭腦的聰明，依靠能力從事經營，雖然可以獲得一時的發展，但是這樣的發展仍然是非常脆弱的，必定會在某個時候遇到挫折，陷入困境。只有善於思考，善於將複雜的現象簡單化，善於掌握事物本質，這樣才可以常勝不敗，這也是一個優秀領導人的必備條件。

最後就是智慧。釋迦摩尼說，只要將前五項認真修行，就會自然而然達到智慧，即宇宙的真理。

稻盛和夫非常注重佛教對人的啟示。他認為，佛教主張「佛存在於森羅萬象之中，具有佛性的就是真我。」而稻盛和夫稱其為人的本性，也就是善與惡。因此，他說：「新的外側從理性直到本能都被突破，中心的真我向外側顯現出來。這樣的人就是善的。理性雖然被剝離，但本能卻嚴密地包圍著真我。這些真我不能顯現出來的人就是惡的。」主要是在強調要做個善人，為此就需要不斷磨鍊自己的心智，能夠展現真我。

一切存在的都有其價值

不知道你有沒有想過，人的本質是什麼？我們為何來到這個世界？這樣的問題，只要我們一息尚存，就將成為我們永恆探究的課題。井筒俊彥先生是伊斯蘭哲學和東方哲學的大家，他曾經圍繞「人的本質是什麼」這一問題，他講了下面一段意味深長的話：

　　「當透過冥想去解明人類本質的時候，會慢慢地接近一種精妙的、純粹的、感覺無限透明的意識，這時自我存在的意識非常清晰，但除此之外的『五感』卻完全消失，最後到達只能稱之為『存在』的意識狀態。與此同時，就能意識到森羅萬象一切事物，都由這種所謂『存在』所構成。正是這種意識狀態才揭示了人類的本質。」

　　而另一位心理學家河合隼雄先生透過與花兒的對話，幽默地比喻道：「你這個存在，現在正扮演著花朵吧，而我這個存在正扮演著河合隼雄呢。」平時看到花兒的時候，我們總是會說：「這裡有花」，就是這裡存在著花。而我們按照上面的邏輯，可以說成「存在正扮演著花的角色」。

　　也就是說，把構成生物屬性的東西——肉體和精神、意識和知覺——全部除去之後，就出現「只能以『存在』命名的東西」。以這種「存在」為核心，從而形成了我們人和其他各種生命。而且這個「存在」是所有生命所共有的，有的時候，「存在」會以花的形式出現，在另外的一種場合「存在」又扮演著人的角色。

　　因此，稻盛和夫認為：稻盛和夫這個人並不是原來就存在的，只不過是某種「存在」偶然借用了稻盛和夫的形骸罷了。

　　在創立京瓷和 KDDI 這樣的企業時，並沒有什麼是稻盛和夫非要做的，稻盛和夫只不過扮演了上蒼偶爾賦予他的角色而已。

　　其實，我們所有的人都是由上蒼賦予了任務，都在出演各自的角色。從這個意義上來講，每個人的「存在」都有同樣的分量。

　　萬事萬物，不僅僅是人類，甚至包括生物，一草一木，路邊的石塊，都有造物主賦予的作用，都是基於宇宙的意志而存在。

　　實際上，宇宙存在著「能量守恆定律」。構成宇宙的能量，形態面發生改變，它的總量卻是恒定不變的。

比如，當我們把樹木砍下用作柴薪燃燒，原來是以樹的形態存在的能量，轉換成熱能，變成了氣體的能量，但是能量的總和是保持不變的。

既然如此，即使一塊小小的石塊，它也是構成宇宙不可或缺的存在，再怎麼渺小的東西，如果缺了它，宇宙我們也就不能稱其為宇宙了。

存在與宇宙中的包羅萬象的一切，都是這個大宇宙生命體中的一部分，絕不是偶然產生的，任何東西對於宇宙來說都是必要的，正因為有了這樣的必要性，才因此而存在。

稻盛和夫說：「所有這些存在中，人類肩負著最大的使命來到宇宙。具有知性和理性，而且帶著充滿愛和同情的心靈和靈魂出生在這個地球上 —— 的確，人類作為『萬物之靈』被賦予了極重要的作用。」

所以稻盛和夫認為，我們每個人都有義務認識自己的責任，終其一生去努力磨鍊靈魂。從剛剛出生的時候開始，為了讓靈魂變得更加高尚，一點點地，反反覆覆精進，而這也是人類為什麼活在世上的最終答案。

努力勤奮地工作、心懷感恩之心、善思善行、誠懇地反省並約束自己、在日常生活中能夠不斷地持續磨鍊心智、提高人格，只有努力做到這些看似理所當然的事情，這才是人生的真正意義。為此，稻盛和夫還說道：「除此之外我以為沒有別的活法。」

在日益煩亂的社會當中，每一個人都好像在黑夜中探索前行。儘管這樣，像稻盛和夫這樣的成功者仍然忍不住描繪充滿夢想和希望的光明未來。

每一個人都過著充實、碩果累累的幸福人生，而且這也是稻盛和夫衷心的祝願，他也堅信這樣美好的社會一定會到來。

如果我們每個人都能夠這樣去做，不管是個人的人生，或者是家庭，也或者是企業，乃至國家，肯定會朝著好的方向發展，最終收獲累累碩果。

▌全力以赴思善行善，定能迎來美好的未來

所謂人生，歸根到底就是「一瞬間、一瞬間持續的累積」，如此而已。每一秒鐘的累積都成為了今天這一天；而每一天的累積也能夠成為一週、一月、一年，乃至人的一生。同時，「偉大的事業」其實就是「樸實、枯燥工作」的累積，僅僅是這樣而已。

而那些讓人驚奇的偉業，實際上，幾乎都是一些極為普通的人兢兢業業、一步一步持續累積的結果。

換句話說：「我想要這樣」、「我想要這種狀態」── 首先要描繪你心中夢想的目標，然後能夠讓自己乘上一架噴氣式飛機，頃刻之間就可以飛躍千里，馬上到達目的地，在這個世界上，再沒有這樣高超的方法了。不管多麼偉大的理想，我們都應該靠一步一個腳印，孜孜不倦地、持續努力才可以實現。

大家熟知的埃及金字塔就是由許許多多的普通人，從艱苦的地道作業堆砌而成的。他們將切好的巨石一塊塊砌上去，數百萬、數千萬巨石就是靠著他們的雙手一塊接一塊運過來、砌上去。

金字塔是多麼令人驚嘆的奇蹟，可是正是因為它凝結了無數人的汗水和結晶，所以它才能夠超越悠久的歷史，至今依然屹立在我們面前，而在這其中隱含的道理就恰如我們每一個人的人生。

稻盛和夫回憶說：在很多年以前，當時的京瓷滋賀縣的工廠裡有一位工人，國中學歷。

「這事要這麼做」，每當上司教他的時候，他總是會一一記下。他每天雙手弄得黑黑的，額頭流汗，只要是上司布置的工作，他總是日復一日，不厭其煩地認真完成。

　　這個工人在工廠裡面毫不顯眼，一直默默無聞，也從來沒有牢騷，更沒有怨言，兢兢業業，孜孜不倦，持續從事著單純而枯燥的工作。

　　20 年之後，當稻盛和夫與他再次見面的時候，稻盛和夫簡直大吃一驚，那麼默默無聞、只是踏踏實實從事單純枯燥工作的人，現在居然當上了事業部長。

　　最為關鍵的是，讓稻盛和夫驚奇的不僅是他的職位，更多的是在言談當中，讓他體會到，這個人已經是一個頗有人格魅力、且很有見識的優秀的領導者。「取得今天這樣的成就，你很棒！」稻盛和夫這樣由衷地讚賞他。

　　他看上去毫不起眼，只是認認真真、孜孜不倦、持續努力地工作。可是正是因為這種堅持，讓他從「平凡」變成了「非凡」，這就是「持續的力量」，這也是踏實認真、不驕不躁、不懈努力的結果。

　　正如湯瑪斯・愛迪生所言，成功當中「天分」所占的比例不過只有1%，剩下的 99%都是依靠勤奮和汗水。

　　當我們專心致志於一行一業，不膩煩、不焦躁，埋頭苦幹，不屈服於任何困難，堅持不懈；只要你能夠堅持這樣做，那麼就可以造就優秀的人格，面且會讓你的人生開出美麗的鮮花，結出豐碩的果實。

　　稻盛和夫作為一名企業經營者，他使用過各式各樣的人才，其中不乏「聰明伶俐」的人。這種人的頭腦異常敏捷，對工作要點領會很快，是所謂「才華橫溢」的人物。而當時稻盛和夫也招聘了一些「笨人」，他們反應遲鈍，理解事情比較緩慢，可取之處只是忠厚老實。

　　「經營者看重、賞識的人才當然是前者而不是後者。如果企業不得已要辭退職工，首先遭殃的肯定是後者而不會是前者。」稻盛和夫也曾認為，前者當中特別能幹的人，將來在公司裡才可以委以重任。

可是真的是這樣的嗎？不，現實情況恰恰相反。

也就是說，那些頭腦靈活、思維敏捷的人才，正是因為他們聰明，成長很快，或許就會認為眼前的工作太過於平凡了，待在公司裡面真的是大材小用，於是不久就會辭職離去。所以，最終留在公司裡的、有用的，恰好是那些踏踏實實的，能夠全力以赴去工作的人。

稻盛和夫為自己曾經有這樣的「短見」而感到羞愧。其實，這些「頭腦遲鈍」的人們，他們做起事來不知疲倦，孜孜以求，10 年、20 年、30 年，有的時候真的像蝸牛一樣一寸一寸地前進，刻苦勤奮，一心一意，愚直地、誠實地、認真地、專業地努力工作。

也正是這樣，經過如此漫長歲月的持續努力，這些所謂「頭腦遲鈍」的人，不知道從什麼時候開始，就變成了「非凡」的人。當稻盛和夫第一次意識到這個事實時，很是驚奇。當然，他們並不是在某個瞬間發生了突變，非凡的能力也不是突然獲得的。

加倍努力，刻苦鑽研，一直拚命地工作，正是在這樣的過程當中，他們塑造了自己的高尚人格。

有的時候，我們不要像豹子那樣行動迅猛，而應該像牛一樣，只是「笨拙」地、「愚直」地、持續地專注於一行一業。這樣不斷努力的結果，才讓他們不僅提升了自己的能力，而且還磨鍊了自己的人格，造就了高尚美好的人生。

如果有的人總是抱怨自己沒有能耐，只會「認真地做事」，那麼，稻盛和夫想對他說：「你應該為你的這種「愚拙」感到自豪。」

一些看起來平凡的、不起眼的工作，如果能夠堅韌不拔地去做，堅持不懈地去做，這種「持續的力量」才是事業成功的最重要基石，才能夠體現人生的價值，才是真正的「能力」。

在這個世界上，被譽為「天才」、「名人」的人們，他們毫無例外，都發揮了這種「持續的力量」。長時間的堅持這種努力，那麼，傑出的技能和優秀的人格也會因此而變成你的特質。

將努力變為「持續的力量」，就能夠讓你這個「平凡的人」變為「非凡的人」，你就會具有強大的力量。

▍不要被安逸的表面迷惑

幾乎每個人都知道，拚命的工作能夠給人帶來意想不到的、美好的未來，但是又有幾個人能做到拚命工作呢？自生以來，人的本性就是好逸惡勞，因此「工作令人生厭」、「不想工作」等想法也就產生了。

人這種動物，非常樂於安逸，一旦放任不管，就會想辦法去逃避苦難，這就是人的本性。無論是成長於戰爭年代的人，還是和平年代的年輕人，都是沒有什麼區別的。

過去和現在不同的地方就是：在迫不得已的年代，即使你討厭工作，不想工作，也都必須工作，因為現實環境沒有給你偷懶的餘地和機會。

稻盛和夫年輕時期的日本，與當今的日本的環境大不相同，不管你喜不喜歡，只要你不辛勤勞動，就有可能吃不上飯。

此外，當時的日本也不像現在這樣，可以選擇自己喜歡的工作，找適合自己的職場。當時的人們根本沒有選擇職業的機會，只能繼承父母的工作，或者是無條件地接受眼前的就職機會。這些情形在當時的人們眼中都是再平常不過的了。也就是說，一個人的工作和他本人的意願關係不大，和社會需求，或者說個人義務的關係比較大，個人幾乎沒有選擇餘地。

現在看來，這種事情是非常不幸的，但這也可能是件幸運的事。因為在迫不得已的情況下，人們很可能在不知不覺中獲得「良藥」。

在稻盛和夫看來，即使你不喜歡工作，但是不得不工作，努力工作的過程中，脆弱的心靈能夠得到鍛鍊，人格會大大提升，幸福人生的契機也會出現。

現代社會已經逐漸步入富強，不再有什麼強迫勞動，但正是這樣的年代，讓人們變得懶散了。

比如有人中了一大筆彩金，夠他享用一輩子了，但是很快這個人就會發現，擁有大筆金錢卻空虛的生活並不是他想要的，自己也沒有多少幸福感。

沒有目標，沒有工作，不用努力，每天吃喝玩樂的無聊生活不但不能讓你成長，還會讓你喪失很多美好的東西，久而久之，人生的意義就會發生改變。

每天認認真真地工作，在努力的過程中獲得回報，就會覺得人生中的快樂、時間非常可貴。

40 年前，京瓷公司首次股票市場上市，稻盛和夫覺得自己的辛苦努力得到了社會認可，自己赤手空拳創建的公司成為了一流企業，他非常開心，並沉浸在無限感慨之中。當時有很多人勸他不要再那樣勞累了，既然資產已經非常充足，何不過過吃喝玩樂的日子？

當時確實有很多風險企業經營者依靠自身才能發展事業，股票迅速上市，他們把原始股票放到市場上出售，獲利頗豐，雖然只有三四十歲，卻在考慮著退休的事兒。

京瓷上市的時候，稻盛和夫所持的原始股一股未拋，發行新股的利潤歸公司所有，當時的稻盛和夫不滿 40 歲，他思考的是趁上市機會更加努力地工作下去。

上市之後，稻盛和夫繼續為員工，以及員工家屬謀福利，為普通投資

者做更多有意義的事情，不但不會休閒放鬆，還肩負了更重大的責任和義務。

在稻盛和夫看來，上市並不意味著到達了企業的重點，而是企業的起點，因此，上市的時候，稻盛和夫以免鼓勵員工，一面暗下決心。他當時提出的口號是：回歸創業的初衷，哪怕汗流浹背，哪怕沾滿塵土，讓我們同心協力加油！

當時他所處的環境已經優越了，他的自身條件也是非常好的，完完全全有資本過安逸的生活，但是他沒有，他仍然不斷奮鬥著、奮進著、前進著。他那勇往直前的精神使得他的事業不斷擴大，他的知名度也越來越高。

第七章
人生要懂得感恩，感謝萬事萬物

▌感謝與你和舟共濟的人

　　稻盛和夫說過：「感恩」非常重要，我們要感恩周圍的一切，因為我們不可能一人活在這個世界上。空氣、水、食品，還有家庭成員、公司同事，還有社會 …… 我們每個人都在周圍環境的支持下才能生存。

　　如果按照稻盛和夫的觀點，只要我們能夠健康地活著，就應該自然地生出感恩之心，有了感恩之心，那麼我們才能夠感受到人生的幸福。在有些情況下，哪怕是對方違心的說謊，你也要說一聲「謝謝」，因為當「謝謝」兩個字說出口的時候，你的心情就變得輕鬆、開朗了。

　　但是，也有一些人將「感恩」僅僅理解成為對對方、對他人的一種有償回報，那麼這種感恩就隱含著一種「交換」的味道。

　　感恩也許會給我們帶來客戶的訂單，可以獲得升遷加薪，這些都是感恩的結果之一，但是卻不是感恩的初衷。

　　假如我們認同這種感恩文化，那麼也就意味著，對方和你有利益關係，你才知道去感恩，如果沒有利益關係就不需要感恩了。一旦將感恩帶上了「交易」的目的，那麼這樣的感恩一是無法持續，二是無法讓感恩者與被感恩者感受到真誠，這種「假感恩」是比「真感恩」要可怕的多。

　　目前，不少企業的優秀員工之所以會出現跳槽的現象，其實也就是因為企業這種「假感恩」的文化在作怪。只有在優秀員工對企業有利益的時候才表達感恩，而在日常行為中，管理者卻很少能夠將好員工的成長放在第一位，如果是優秀員工犯了錯誤，那麼管理者都會「好心」的避免衝突和爭吵，豈不知這種「好心」並不是對優秀員工真正的愛，也就不存在真正的感恩。

　　稻盛和夫還告訴我們，也許一個人在不諳世事的時候，不懂什麼是感

恩，但是，心地單純的孩童時代，是容易記住那些值得感恩的事的，那是成長歷程中最難能可貴的事。今天的成年人，應該回憶一下童真的年代，再去體會體會那些值得感恩的事。

稻盛和夫回憶起他四五歲時候在老家鹿兒島一次登山拜佛的事。當時，和尚不間斷地向稻盛和夫這些小孩打招呼，有的小孩被要求再來一次。而和尚對稻盛和夫說：「你到這兒就可以了，今天的參拜就足夠了。」

之後，這位和尚接著說：「以後，每天要默念『南無、南無，謝謝』向佛表示感謝。今後只要做到這一點就可以了。」然後對稻盛和夫的父親說以後不用這孩子來了，似乎這一關他已經通過了。

其實，稻盛和夫認為：生活像撚搓在一起的兩股麻繩——好事、壞事交織在一起就是人生。因此，不管是好事還是壞事，不管是晴空萬裡還是烏雲密布，不變的是充滿感激信念的人生。在幸福如期到來的時候，在災難不期而至之時，我們都要表示感謝。因為不管怎麼樣，畢竟自己還活著，還有生命，對此一定要有感恩之心。而稻盛和夫的真假感恩觀也在警醒我們，感恩並非是掛在口頭上，更需要誠實守信、真實樂觀地面對和行動。

其實一直以來，稻盛和夫把倫理道德作為人力資本的組成部分，他的理念和實踐都證明瞭這樣的事實：財富與職位和道德沒有什麼必然的連繫。

道德水準低下，目光短淺，自私狹隘，社會知識匱乏，情感資源枯竭，人際關係緊張，難以正確估價自己的作用，這很明顯不是一個企業家所具有的品格。

而稻盛和夫理念的成功，從根本上來看就是他人格魅力的集中體現。為什麼這麼說呢？僅僅在日本，就有 2,500 多名熱血沸騰的日本青年企業

家聚集在稻盛和夫的麾下，稻盛和夫與員工們建立起「相互信任的同志式共同體」。

稻盛和夫曾經對共同體做過這樣的描述：「公司員工不是建立在雇傭與被雇傭的關係上，而是相互傾心的同志們，聚在一起所結成的命運共同體，大家都是為了這個共同體而工作。」所以，稻盛和夫在實現企業家道德價值理念方面提出了品格感恩觀，而這裡面主要 7 個方面的觀點：

> **感恩**：企業家所獲得的一切成就都是社會賜予的，所以你應當從內心裡感謝社會和他人給你的厚愛。

> **仁愛**：企業家與員工一定要有「同心之情」，「仁愛之情」，要「築建一個互相信任的同志式共同體」。因為「仁愛」可以消除隔膜，減少磨合的成本，創造更寶貴的精神財富，這也是形成企業合力的不竭源泉。

> **勤奮**：稻盛和夫就好像藝術家那樣，「為工作而傾倒，迷戀上工作」、「讓自己所有熱情和能量都能在工作中去完全燃燒」。

> **慷慨**：人的社會性要求體現在了權利與義務、索取與奉獻、為人與利己要有利於國家的、集體的價值取向。而只有「利他這樣一個目的，才是具有普遍性的，才能夠得到大家的共識」。

> **正直**：正直與誠實是密不可分的，正直與坦蕩更是相輔相成，正直是自信和力量的表現。做事要正直，要光明磊落，要「堅韌不拔地去把它做到底，直到把它做成功。」

> **慎獨**：自我控制，能夠抵制本能的衝動，這是人類與動物的根本區別所在，當然也是檢驗企業家是否有真正堅定、磊落的試金石。

> **守信**：誠實守信這是一個人的修身之本，做人之本。守信也是對企業家考核的重要條件。稻盛和夫提出了「以心為本」，「要企業家與

企業、社會成為相互信任的同志共同體」，「大家都在為共同體而工作」等觀點。

稻盛和夫的品格感恩觀裡面雖然僅僅出現了一個感恩，但是這其他六個方面都與感恩無不具有內在的連繫。

▎對人生懷有感恩之心

「以心為本」這是稻盛和夫管理哲學的基礎。我們從宏觀的角度來講，一切管理歸根到底就是「心的管理」，管理成功的關鍵就在於管理者和員工之間，以及員工和員工之間能不能結成相互信賴的集合體，並且能夠齊心協力為共同的目標而奮鬥。

稻盛和夫對此有著深刻的認識，他說：「在企業內實現可信賴的心靈之間的牢固聯接，是至關重要的。雖然人心是易變的，但同時也沒有比它更為堅實的東西」。可見，稻盛和夫在管理當中確立了「以心為本」的理念，而且還把它寫入《京瓷哲學手冊》。

稻盛和夫的「以心為本」在對待員工的仁愛之心上體現得尤為突出。在 1974 年，受世界石油危機的影響，日本經濟也遭受到了嚴重的衝擊，許多企業紛紛透過裁員來減少損失，而當時的京瓷公司當年利潤也減少了50 多億日元，經營陷入困境。可是，稻盛和夫卻宣布，即使只靠苔蘚生存下去，也絕不辭退一個員工，更不能停工。

就這樣，稻盛和夫的仁愛和真誠也贏得了公司全體員工的心，他們齊心協力，共同使企業重新步入正軌。

稻盛和夫還依靠「感恩之心」在日本企業界第一個開展每年組織員工海外旅行的活動；以「無私之心」將自己的 17 億日元的股份贈送給了 1.2

萬名員工；對每個過生日的員工都會贈送禮物、獻上祝福表達「關愛之心」；而且還經常組織各種酒會與公司管理人員和普通員工進行「心靈對話」。

稻盛和夫的「以心為本」讓他的公司成為了日本企業當中最富有「人情味」的公司，稻盛和夫也因此獲得了員工全身心的付出，以及在他去世後也要葬在「京瓷員工陵園」的至死不渝的「忠心」。

在公司管理當中，稻盛和夫把提升心性作為一項基本內容。稻盛和夫認為，要在人生中、在工作中做出更出色的成果，我們每個人的思維方法，以及心性的存在方式往往起著決定性的作用。

稻盛和夫提倡要以愛意、真誠，以及和諧的心性為本，用純潔的心靈來描繪自己的願望，認為那些因私利私欲而產生的願望只能夠帶來一時的成功，但是這樣卻不可能長期持續下去。

為此，稻盛和夫從自己的經驗當中總結出「六項精進」，用以磨鍊心志，提升心性。一是付出不亞於任何人的努力；二是謙虛戒驕；三是天天反省；四是活著就要感謝；五是積善行、思利他；六是不要有感性的煩惱。

稻盛和夫不僅自己注重磨鍊心志，提升心性，感恩人生，而且還要求公司所有的人都必須朝著這個方向努力，並且把它作為人生的目的和意義所在。

有一次，在著名科學家霍金（Stephen William Hawking）做完學術報告之後，一位元非常年輕的女記者走上講壇。面對這位已經在輪椅上生活了三十多年的科學巨匠，她首先表達了深深的景仰之情，然後不無憐憫地問：「霍金先生，肌萎縮側索硬化症將你永遠地固定在輪椅上，你不認為命運讓你失去了太多了嗎？」

這個問題顯然有些突兀和尖銳，報告廳內頓時鴉雀無聲，一片寂靜。

這個時候，霍金的臉上卻依然掛著恬靜的微笑，用還能活動的手指，開始艱難地敲擊鍵盤。於是，寬大的投影幕上緩慢卻醒目地顯示出如下的文字：

1. 我的手指還能活動。
2. 我的大腦還能思維。
3. 我有終生追求的理想。
4. 我有愛我的和我愛的親人和朋友。
5. 最重要的是，我有一顆感恩的心靈，我感到幸福。

之後，人們用經久不息的掌聲向這位非凡的科學家表示由衷的敬意。人們之所以如此，顯然不僅僅是因為他是智慧的化身，更因為他還是一位人生的鬥士。

還有一位小女孩，從小就患上了麻痺症。她的肢體失去平衡感，說話也含糊不清，手足也會不由自主地抖動，可以說喪失了正常人的生活能力。

但是這個女孩正是憑藉著頑強的意志和優異的成績，考上了美國著名的加州大學，並獲得了藝術博士學位。她就是靠手中的畫筆，展示著自己的藝術才華，描繪著自己的藝術人生。

同樣也是在一次演講會上，一個中學生冒昧地問她：「您從小就長成這個樣子，請問您怎麼看自己？」

結果這位女孩很坦然地在黑板上寫下了這樣的文字：

1. 我很可愛。
2. 我的腿很美。

3. 爸爸媽媽非常愛我。

4. 我會畫畫。

5. 最重要的是，我有一雙感恩的眼睛。我只看我擁有的，不看我沒有的。

其實，我們從霍金和這位女孩的話中，特別是稻盛和夫的六項精進原則當中不禁想到四個字：境由心生。

當我們有了感恩的心靈，才會有感恩的眼睛；而有了感恩的眼睛，就有了感恩的世界；有了感恩的世界，就有了感恩的人生。可以肯定地說，感恩的人生更值得我們去珍惜，更懂得滿足，更懂得奮鬥，更懂得奉獻，更懂得快樂，更懂得幸福。

▍每天都要心存感恩，回報世界

感恩是一種處世哲學，更是生活中的大智慧。一個充滿智慧的人，不應該為一些小事斤斤計較，更不應該一味地索取和讓自己的私欲膨脹。學會感恩，感謝自己已經擁有的一切，感謝生活給你的贈予，這樣我們才會有一個積極的人生觀，才能夠保持一個健康的心態。

稻盛和夫一直以來都信仰佛教，特別是淨土宗，甚至在稻盛和夫很小的時候就接受了一位僧人的「隱蔽洗禮」。而且僧人說他已經合格，但是據說從那以後，每天都一定要念誦：「『南無，南無，謝謝』，只要終生都這麼做，佛就會庇護你。」於是，稻盛和夫就一直遵循著這一教導，始終如一。

稻盛和夫說，「『謝謝』這句話如果是自然地發自內心，人就會變得謙虛，同時這一句話還會讓周圍人和人之間的氣氛變得和諧。」

在當今社會中，人們的物質資源已經非常豐富了，但是在精神領域還是非常貧乏。人與人之間的關係也變得越來越淡薄，有的甚至只能夠依靠

金錢來維持。所以，稻盛和夫說：「要重新檢視自己的心，是否也像那些人一樣變得空洞而沒有內涵。」

因此，稻盛和夫總是會要求他自己和員工都要認真對待工作，做到真誠，千萬不能夠投機取巧，而且還要對那些曾在困難的時候幫助過的人心存感恩，懂得回報。

隨著經濟的不斷發展，社會越來越富裕和安定，而稻盛和夫建立的京瓷公司的經營也步入正軌，規模逐漸壯大。這個時候，稻盛和夫的心裡也會發自內心地產生感謝之意。時常懷有感恩地說「謝謝」，不僅僅能夠讓自己有積極的想法，也會讓別人感受到快樂。當別人需要幫助的時候，我們伸出援助之手；而當別人幫助自己的時候，能夠以真誠微笑的表達感謝，就這樣反覆的久而久之，就好像已經成為自己的道德準則之一。

其實，事情都是由好壞交織而來的，所以，無論是得意還是失意，我們都應該像稻盛和夫一樣，始終要心存感恩。稻盛和夫一直告訴自己，事事感恩、時時感恩是提升心性、點亮命運的第一步。

稻盛和夫曾經說過：「在遇到困難之時，感謝生命賜予自己成長的機會；交到好運之時，慶倖之餘也要心存感恩，就是隨時在心裡給感恩留一個位置。」

稻盛和夫認為，感謝的念頭是由於知足才產生的。人應該懂得知足，知足之後就會感謝生活的美好。如果一個人永遠不知道滿足，一味地索取，那麼這樣的人經常是滿腹牢騷，永遠都不會覺得滿足。

其實在我們身邊，有的人就是知足常樂，即使身處困境依然滿足於自己現在的生活。這關鍵就是在於人的內心所想，不管物質條件怎樣，只要擁有一顆感恩的心，那麼就會得到滿足的感覺，生活也就能夠非常的美好。

　　除此之外，稻盛和夫還一直相信神靈的力量，而且還說自己曾經受到過神靈的啟示。在開發陶瓷 U 型絕緣材料的時候，稻盛和夫他們遇到了困難，想不出辦法。當時要開發的這種材料是要用於松下電子公司的，而且這是企業發展的絕好機會。

　　可是卻遇到了一個嚴重問題，「當讓傳統的陶瓷器具使用黏土，那麼黏結性及成型是沒有問題的，但是因為混有雜質，燒結後達不到所需的純粹的物理性能。如果用某礦物粉末純度是可以達標的，但是它鬆脆，沒有黏性，無法成型，也就意味著無法燒結成產品。」這一問題一以來都困擾著稻盛和夫。

　　但是有一天，當稻盛和夫一邊思考一邊往實驗室走的時候，有一個容器絆到他了，也差一點讓稻盛和夫摔倒，結果他的鞋上沾滿了做其他實驗時用的黏糊糊的、褐色的松香樹脂。正當稻盛和夫想要責怪容器主人的時候，腦袋一轉，想到這正是他所想要的東西。於是，稻盛和夫立即開始了又一次的試驗。

　　這一次，稻盛和夫往鍋裡放進礦物粉末，加進樹脂，就像炒飯一樣拌勻，然後放進模具成型，沒有想到這一次他居然試驗成功了，產品不僅成型，而且非常理想。稻盛和夫說：「成型後的半成品在燒結的時候，樹脂被燒盡揮發，成品中不留任何雜質。這個問題以這樣的方式被圓滿地解決了。」

　　可口可樂公司總裁就曾經說過：「哪怕美國成為一片廢墟，我也可以憑可口可樂的品牌在任何一個國家重振旗鼓。」而可口可樂之所以可以這樣，與他們有社會責任感，懂得回報社會是分不開的。

　　中國榮安文化的總裁也提出了六大感恩理念：

1. 感恩時代，因為榮安的成功是時代造就的；

2. 感恩客戶，因為客戶是企業存在的全部理由；

3. 感恩合作企業，因為榮安向前的每一步都離不開合作企業的協同；

4. 企業與員工之間應該互相感恩，這是因為企業與員工是一種共生共榮的關係；

5. 員工之間互相感恩，因為個人的成長和發展總是緣於整體的配合；

6. 感恩家人，榮安員工能專注於事業，是與家裡人的支援和幫助分不開的。

其實，類似這樣的感恩心態已經成為企業發展，回報社會的原動力，也成為了構建和諧企業的關鍵要素，更是形成強大凝聚力和競爭力的核心。

▎你的對手，正是你要感謝的對象

人類在文明還沒有開化的原始時期，自然界曾經擁有著非常強烈的共生意識。那麼到底什麼是共生意識呢？稻盛和夫認為，其關鍵字就是「愛」。愛有兩種：一是包含萬有的「大愛」（普遍的愛）；一是只對自己的「小愛」（自私的愛）。

原始時代的人類能夠基於大愛，產生共生的意識和思想，這主要是受教於自然界；自然界教給我們人類的資訊是，如果過度擴大，只知道重視自己的「自私的愛」，那麼肯定會危害他人，從而自己也或許因此而走向滅亡。比如，火耕農業，這樣的耕作方式就只是顧眼前的收獲，破壞了森林的再生能力而燒毀植物，如此一來，森林內的土地就將失去活力，農作物的收成自然也就急劇減少，這就是擴張「小愛」所得到的報應。

　　人類也正是在自然界求生的時候學到了這樣的觀念，並且自然而主動地實踐了「共生」的生活方式。

　　這種共生的情景我們在自然界當中隨處可見，只是有的時候由於「小愛」會突然變得過度強盛。就拿蝗災來說，由於環境發生變化，有的時候蝗蟲的繁殖就會進入異常的狀態，繁殖太快的結果那麼肯定會將附近的草木全部吃光。所以，只要蝗蟲過境，方圓數十裡，甚至數百里都會寸草不留，變成一片光禿禿的荒蕪。而且因為蝗蟲的數量驚人，蝗蟲很快會吃完了所有的植物，在吃完所有食物之後，蝗蟲也就會集體死亡。

　　其實，這個例子正好說明，當「小愛」擴張過度的時候，可能就會給自己帶來災難，嚴重的時候甚至可以導致整個族群的毀滅。

　　說到這裡，我們就不能不想到，競爭又是從何而來呢？在最早的時候，自然界被大愛所包圍，所以物種之間基本上維持共生的生活形態。可是在共生的環境之下，動植物仍然是需要面臨嚴苛的環境，並且還需要想辦法生存下去，所以，開始發展出了以「小愛」作為生存。

　　這種無論如何要生活下去的壓力，也就逐漸造成了動物和植物之間的競爭。稻盛和夫認為，在那個時候的動植物，並非因為先考慮到需要競爭，所以產生競爭行為，而是基於大愛共生一處之後，為了保護自己而發展出自私的愛，進而拚命努力想讓自己生存下去。

　　久而久之，與同樣具有生存壓力的相鄰的動植物之間就會產生實質的競爭，一旦發生競爭，那麼自然就會出現落後者，隨後就會有滅亡的事情發生。

　　但是，這種滅亡並不是出於其中的一方想要殲滅另外一方的想法，而是被極力尋求生存的壓力所波及，另外一方可能因為應對的時候努力不足，導致落後和脫隊，所以，可以說這是「適者生存」的結果。

在自然界當中是充滿了基於眾生的大愛，就整體而言，過著共生的生活，因為所有的生命都了解，只知道尋求一己的繁盛必然會導致對手的滅亡，而自己未來也必將走入疲憊衰竭之途。所以，在佛教當中提出了「知足」的理念，而「知足」一詞同時也就成為了實踐共生生活的關鍵字。

稻盛和夫認為，即使就企業界的競爭而言，大愛同樣也是生存的必要條件。當然，企業為了保護自我，為了能夠發展業務、走向繁榮，剛開始就需要用小愛來守護企業，然而這種自私的愛必須是根植於大愛和共生思想的。

假如經營者只知道考慮自己企業的利益，那麼客戶可能會因為無利可圖而離去，最後導致經營走入瓶頸，這樣一來，不但員工和股東的利益沒有保障，企業本身也會面臨倒閉的窘境。所以，有的時候太過於強調企業本身的生存，只知道一味地發展小愛，反而會造成企業的敗亡。

稻盛和夫說：「要避免企業走入不幸的命運，必須從事能讓顧客、員工及股東等圍繞在企業周圍的人都感到滿意的經營。」換句話說，發展小愛的同時，也要顧及對他人的大愛。

如果一個太過於強調小愛的企業，或者產業太突出了，那麼就會破壞了整個社會的和諧。所以，現今就有所謂的「反托拉斯法」，而目的就在於防止單一大企業掌控整個產業。稻盛和夫認為，這種做法是政府運用有形的執法協助推展共生思想，以期將這種思想植入現代社會。

其實，政府的用意在於督導企業長期雇用員工，並且同時顧及往來企業的進步與繁榮。

照顧員工和支援生意往來的企業這些都是屬於無私的大愛，除此之外，企業獲利就應該繳稅，讓國家社會可以有效地運用稅金；同時企業也可以適當捐獻金錢，幫助社會更好的發展，等等，以上的行為都屬於大

愛。總而言之，企業必須嘗試透過這些行動與社會共生，才能在社會當中長久的生存。

企業之間出現競爭的結果，可能就會導致對手倒閉，但是這樣的結局就好像是自然界當中的「適者生存」的結果。不管是什麼企業，其首要任務就是要努力尋求生存。讓自己的企業能夠存活和發展下去，初步分析，這是自私的小愛，但是這還是符合自然界的生存法則的。

但是，稻盛和夫認為，也不能因此打著共生的旗號，就好比航空母艦一樣組成一支艦隊，一定要設法結合同業一起運作營利。

雖然這樣做對同產業有利，但是對一般的消費大眾而言，則會造成很大的傷害。這種行為絕對不是基於大愛的共生行為，相反地，只是業界整體營私的小愛而已。

稻盛和夫的經營理念既肯定企業為了生存，彼此競爭是有必要的；也肯定為了有競爭的對手，企業間走向共生是有必要的。

例如，在日本的國道路線上如果只是開了一間的面店，生意往往不是很好，開店沒多長時間就倒閉的例子也很多。可是，如果這家店的周圍有很多家面店，那麼顧客自然就會逐漸匯聚而來，結果每家店的生意都非常興隆。

而原因主要就是因為各家的面店為了競爭，除了會做到不斷改善口味，價格也很便宜，所以每家店都生意繁忙，這其實就是共生的結果。但是相反地，如果某一家店為了獨占生意，全力阻擾隔壁開新店的話，那麼自己的服務和品質肯定會因為沒有競爭而無法提升，於是，客人就會逐漸減少，最終還是要走向倒閉的。

所以，稻盛和夫說：「在接納他人和發展多樣化的前提下，才能形成競爭和共生；有了競爭和共生，社會全體才能開始逐步走向繁榮。」

感謝讓你全力以赴做事情的磨難

稻盛和夫說：「人的性格大致可以分為兩類，一種人細緻、周密、一絲不苟，趨於內向；另一種人豪爽、大膽，趨於外向。織布需要經紗和緯沙，事業成功需要兩種性格兼而有之」。

可是，稻盛和夫也承認，兼具這兩種性格的人是很少的。所以，無論自己當初是什麼樣的性格，一定要有意識的加強自己另一種性格的培養，因為這完全是後天培養可以做到的。

審慎，其實就是說做一件事情的時候要認真的考慮，必須要有清晰的思路。對於經營者，就是在做重大決定、投資專案的時候，一定要考慮到利弊關係，能夠主動想像成功的路徑有哪些。

稻盛和夫就是在做決策之前，總是會預先做好推演，推測可能會遇到的麻煩，一旦作出決定，即使前面的道路再坎坷，也要堅持走完全程。

「要做到這一點，我們每一天都要關注於進行的計畫中，預想每個環節和每個可能發生的問題。我們每天都要在心裡推算和演練，直到心中浮現出清晰的影像。」稻盛和夫說他一直就是按照這樣的標準來做事情的，最後，終於見到了生動而燦爛的色彩。

經過審慎的抉擇，作出決定之後，也一定要有相當的勇氣接受挑戰，「我相信要開創任何事業，勇氣和魄力是很重要的，這樣面對困難才能無所畏懼。」

稻盛和夫說自己當年在創立第二電電株會的時候，如果不是日夜夢想著挑戰獨家壟斷的 NTT，那麼就不可能創立第二電電株會社。當時對第二電電株會社投資所需要的資金數目巨大，而且風險極大，沒有人可以保證成功。但是稻盛和夫仍下定決心開始投資，並且獲得了成功。在很多人看

來，他當時的舉動是非常冒險的。但是稻盛和夫卻認為，這是他經過認真思考才做出的決定。

稻盛和夫說：「事情一旦決定下來，在接下來的具體執行過程中，就要保持清醒的頭腦，依靠理性思維來避免過度的冒險，擬定出具體的實行方案，以此達到成功的目的。這時，就不能懼怕失敗。」

可見，我們每個人都要有自己的主見，要有堅定的信念，只有自己當機立斷，躲避小人，事業才會成功。所以，在企業經營過程中的經營者，他的態度是非常重要的。這種態度就是所謂「慎重堅實的經營」。

稻盛和夫認為，在激烈的市場競爭中，為了保護員工，為了企業的生存，經營者是絕對不能示弱的，要有堅韌好勝的性格和積極果斷的行動。而且為了企業的長期繁榮，經營者無論如何都必須小心謹慎，要保持「如履薄冰、如臨深淵」的心境。換句話說，「天生大膽也好，敏銳也罷，我們都可找出使這兩種傾向互補的方法」。

企業周圍的經濟環境是非常容易頻繁變動的，因此不管你擁有多麼好的獨創性技術，不管擁有多麼高的市場占有率，也不管你具備了多麼完善的經營管理體制，也不管自以為經營基礎多麼堅如磐石，當面對突然襲來的經濟變動時，企業或許還是不堪一擊。

稻盛和夫曾經驕傲地說：「在京瓷創業的 50 周年，在這 50 年當中京瓷從來沒出現過一次虧損。而這中間，許多企業，何止是虧損，甚至是瀕臨倒閉，或者是以解僱員工勉強維持生存。當我們翻閱波瀾萬丈的歷史，京瓷經歷半個世紀而能持續成長發展，這是十分罕見的。」

看到京瓷至今走過的歷程，也許有的人認為「那不過是京瓷的產品和事業碰巧趕上了潮流，那只是幸運。」但是稻盛和夫卻認為依靠「幸運」支撐半個世紀之久，是根本不可能的。

　　正是因為稻盛和夫一直以來的審慎與勇敢，讓京瓷在發展的道路上不斷成功，取得一項又一項的突破性進展，實現了一步又一步的重大飛躍。

　　稻盛和夫先生就是在這種慎重經營的態度下，又讓自己用心做到了「銷售額最大、經費最小」，從此之後利潤率有時甚至超過了 40%，從而讓京瓷成為了日本有代表性的高收益企業。同時將取得的利潤作為企業內部流程不斷累積，使京瓷成了日本有代表性的、值得自豪的財務體質寬裕的無貸款企業。

　　之所以京瓷能夠克服多次經濟的變動、順利發展，其原動力就在於稻盛和夫以審慎的態度經營企業，打造高收益的企業體質，從而形成了值得自豪的財務體質寬裕的企業。

　　換句話說，高收益可以降低企業的盈虧平衡點，高收益是一種「抵抗力」，可以讓企業在蕭條的形勢中照樣能站穩腳跟，也就是說企業即使因為蕭條而減少了銷售額，但是也不至於陷入虧損。

　　同時，高收益又是一種「持久力」，高收益的企業有著多年累積的、豐厚的內部留存，即使蕭條期很長，企業長期沒有盈利，也依然能夠承受得住。而且，因為蕭條期購買設備比平常要便宜許多，這個時候可以下決心用多餘的資金進行設備投資，從而使企業獲得再次飛躍的能力。

　　稻盛和夫說：「企業就是一個接著一個的重大決策連結而成的鎖鏈。有時候，你的立場和其他的主管、律師或是銀行相左，然而還是要充滿自信和決心執行自己的計畫。有時，你也得以謙卑的態度聽聽員工的意見，或是承認自己犯了錯，並鼓起勇氣修正計畫」。其實在日常的經營中，採取慎重的經營態度，盡力打造高收益體質，這不僅是預防蕭條最重要的策略，更是應對蕭條的最佳方式。

　　也就是說，我們不僅要審慎，而且要大膽，並且必須兼具這兩種能

力，因為稻盛和夫認為：「均衡的管理人在其單一的個性中，要能兼具兩種截然不同的特色。」

將「知足心」和「感謝心」牢牢印在心間

稻盛和夫說：「我們之所以能夠生存下去，不是依靠我們自身的力量，而是應該感謝宇宙萬物。」

所以，稻盛和夫教導我們應該做到，不論是「對待人生與工作，都盡可能做到真誠。不論工作或生活都努力認真，絕不偷懶。這對親身經歷過貧窮時代的日本人來說，沒什麼稀奇，我認為那是當時日本人根深蒂固的特色，也是美德。」

稻盛和夫曾經坦言，隨著經濟的快速發展，社會也將變得越來越富裕和安定，企業更是初具規模，步入正軌。而這個時候的稻盛和夫，在心中也逐漸生起了對那些昔日幫助過他的人以及企業的感恩之心。

稻盛和夫曾經做過一次手術，並且在自己手術之後，身體還沒有完全康復的情況下就皈依了佛門。稻盛和夫說他自己開始了為期兩個月的短暫的入寺修行。

由於當時稻盛和夫是大病初愈，修行生活對他來說還是具有相當大的考驗，可以說是其終生難忘的一次體驗。

稻盛和夫後來回憶起自己那段生活的時候說，自己在剛入冬的時候，天氣稍微寒冷的一天，他頭戴著斗笠，身穿藍色棉衣，赤腳穿著草鞋，挨家挨戶在門口誦經，懇請施捨。他說：「對於不習慣托缽化緣的我來說，這就是最大的煎熬，露在草鞋外面的腳趾頭，因為與柏油路不斷的摩擦而流血了，就是忍著這樣的腳痛走上了半天之後，身體就好像用久了的抹布一樣殘破不堪。」

　　稻盛和夫說自己當時的身體雖然還有些虛弱，但是他仍然堅持和那些比他早出家的修行僧一起，繼續一天的托缽化緣行程。他說當時每天天黑之後，他和同伴們就會拖著疲憊的身軀，返回寺廟。途中路過某個小公園，當時正好有一個打掃公園衛生的清潔工看到他們，沒放下拖把就徑直跑向他，很自然地從口袋掏出 500 日元的硬幣，放入他的化缽盤中。

　　他說那個時候的自己全身上下都充滿了前所未有的感動，也真正體會到了無法言喻的極致幸福。稻盛和夫為此深受感動，也從其舉止中學到了應該做一個怎樣的人，應該怎樣去幫助別人。

　　稻盛和夫這樣描述道：「那位婦人看起來絕對不是生活很富裕的人，可是當她把 500 日元布施給一個修行僧的時候，卻沒有絲毫的猶豫，神色上更沒有任何一點驕矜。她至善至美的心，幾乎可以說是我 65 年來不曾感受到的美麗與純淨。那位婦人自然的慈悲行為，讓我真的感覺我接觸到了佛祖的愛。」

　　稻盛和夫說：「讓我從心底由衷地升起感恩之心。婦人那種將自己的事情放置一旁，先去關心別人的那種人心溫暖的表露，雖然看起來僅僅只是一件小事，而我認為那就是人類思想與行為當中至善至美的展現。從她的自然德行中，我學到了『利他之心「的精髓」。

　　正是那位婦人的行為深深感染了稻盛和夫，也成為了他修行生活的財富。稻盛和夫說，這種利他心不管在個人人生中，還是在企業經營中，都是不可或缺的。

　　後來稻盛和夫自己總結道：「人類內心原本就存有一種為世間、為人類盡心力的想法。人類什麼時候會感到內心充滿深切而純淨的極致幸福感呢？那絕對不是在利益獲得滿足的時刻，而是在利益利他充分發揮的時刻，相信現在越來越多的人都會同意這個看法。而賢明的人也會發現，像

這樣為他人盡心力的行為，不僅是幫了別人，到最後自己也會連帶受惠。」

所以，稻盛和夫總是會時刻注意自己在利益面前所表現出的態度，要求自己也要像那位婦人一樣去關心幫助別人，在別人遇到困難的時候能夠及時出手，幫助其度過難關。

這種利他心是能夠成就一個人的，無論是在事業上還是生活上，擁有這種利他心的人必定會前途美好。

換句話說，這二者是息息相關的。只要二者能夠相互作用，就沒有什麼辦不成的事，一切事情自然也就不成問題了。

因此，感恩對於我們每個人來說是非常重要的。對於企業的經營者來說，只要他具備了感恩的心，那麼他就會贏得員工的尊重，員工也會盡心盡力為公司服務；對顧客提供滿意的服務，也會使公司賺得人氣，企業業績飆升的可能性會更大。而對於人生來說，如果時刻心存感恩，生活就會變得更加美好，人生也才會過得更有意義。

任何人都不是你的傭人，用關懷之心贏得信任

雖然說，經商的目的就是為了追求利益，但是我們也應該盡力做到「讓對方也獲利」，這才是從商的原點，更是從商的奧妙所在。盡力為對方著想的行為，也會讓自己獲利。

稻盛和夫曾說：「我們經營中小企業，許多人都認為我們的事業沒有什麼了不起。但是，不管是五人也好，十人也好，我們都有員工，員工又都有家屬，保護員工及其家屬的生活是我們的責任。」這正是稻盛和夫利他心的體現，也正是依靠這種為了不使員工及其家屬流落街頭，所以大家都努力經營企業，也讓這種努力從根本上支撐了日本的產業界。

為了更好地經營企業，稻盛和夫認為，作為經營者，就一定要提升自

己的人格，必須要讓自己的人格變得高尚，否則企業就不會得到順利的發展。

當然，經營企業必然是要追求利潤的，但是如果只是為了單純追求利潤，為了金錢變得冷酷無情，那麼就得不償失了，企業自然也不會經營好，更不會得到更好的發展。只有擁有美好的心靈，對他人有同情和關愛之心，這樣企業才會有好的發展。

稻盛和夫說：「利他之心很重要，如果沒有他人，企業將難以獲得利潤，將難以維持好的發展，所以，在日常的工作中要始終將利他心銘記於心，以便讓自己更好地去實踐。」

在京瓷公司剛剛起步的時候，員工薪水不高，工作環境又不好，公司福利幾乎沒有。結果很多剛剛進入公司的大學生對此感到非常失望，會經常發一些牢騷。

於是，稻盛和夫就在新員工的入職儀式上說：「你們從小到大一直受父母、老師及社會上許多人的幫助照顧。從現在開始正式步入社會，踏上工作職位，應該輪到你們反過來回報社會了，如果還一味要別人關照，那不行。從受人幫助到幫助別人，立場需要 180 度大轉彎。現在我們公司確實還小，各方面的條件還差強人意。我們要把企業做好，薪水福利也要大大提高，但是這必須靠你們自己辛勤勞動，不是靠別人幫助，必須用自己雙手創造。」

的確如此，人總是需要長大的，不能一直依賴自己的父母、朋友，也需要學會照顧他們，在他們需要我們的時候，我們能夠幫助他們解決難題，度過難關。

稻盛和夫讓每一個員工都去這樣進行思考，讓員工在一開始擁有一顆為他人著想，為他人服務的美好心靈，也從根本上轉變了觀念，懂得主動

為周圍人服務，為團隊，為企業做貢獻。

可是這種說教並不是非常奏效。在公司磨鍊了一年之後，一些員工還是受不了那少得可憐的薪水及待遇。因為他們看不到希望，只是做一天拿著一天的報酬。

不久之後，很多人向稻盛和夫遞交了意見書，上面寫著要求增幅最低薪水、最低獎金，而且還要持續成長到以後，並且希望稻盛和夫能夠做出保證，不然的話就是辭職離開。

稻盛和夫回憶起這件事的時候，他說道：「作為經營者我絕不只為了自己，我拼上命把公司辦成你們從內心認可的好企業。如果我對經營不盡責，或者我貪圖私利，你們覺得真的受騙了，那時把我殺了也行。」

稻盛和夫也正是從這件事情上意識到了與員工交流的重要性，以及為員工切身利益著想的重要性，從此之後，稻盛和夫經常與員工交流，切實為員工物質、精神兩方面考慮，竭盡全力，摒棄私心，全力共謀企業發展。

也正是這次出人意外的辭職事件，讓稻盛和夫意識到必須要始終把公司作為一個社會的公器來掌握。公司不是他個人利益的載體，而是一個利益共同體。

公司的員工與業主，不是建立在雇傭與被雇傭的關係上，而是相互傾心的同志們聚在一起所結成的命運共同體，大家都是為了這個共同體而工作。

正是因為如此，無論遇到多麼艱難、多麼痛苦的事，稻盛和夫的團隊自始至終保持著一顆明朗的心，抱著理想和希望堅持不懈地奮鬥，也正是這樣，才造就了今天的京瓷。

第八章
商道就是人道，經營企業就是經營人生

動機至善，全無私心

自從明治時代以來，「日本電電公社」就一直壟斷著日本的通訊市場，通訊費用一直居高不下，而且當時國內又剛剛開始允許民營企業參與通訊產業。可是卻沒有一家大的企業能夠挺身而出，因為大家都擔心會有風險。

也就是在這樣的情況之下，稻盛和夫創辦了第二電電株式會社，也就是現在 KDDI，並且以降低國民的通訊費用為目的，稻盛和夫決定要打破電電公社，也就是現在的 NTT 的壟斷，形成競爭機制。

在創立第二電電株式會社之前，稻盛和夫總是會經常問問自己：「你想做的事情確實是為國民所想嗎？不是僅僅說漂亮話吧？有沒有私心想著趁此機會來壯大京瓷公司，從而謀取私利呢？有沒有想著自己出風頭的私念？」稻盛和夫不斷地剖析自己，捫心自問，是否能坦然面對自己的良心，當稻盛和夫在進行了持續半年的考慮之後，斷然發誓自己絕無私心之時，他下定決心出手創立第二電電株式會社。

稻盛和夫說：「真正的熱情能帶來成功。但如果熱情是出於貪婪和自私，成功便會如曇花一現。如果你對正義毫無感覺，凡事都以自我為中心，同樣的熱情也許一開始會讓你嘗到成功的甜頭，但最後還是不免倒下。」所以，成功的關鍵在於要看一個人是否真的有一顆純粹的心，更要看這個人的初衷是否單純。

正如稻盛和夫所言：「我們不光是為了自己而工作，更是為了群體。把工作目標從自己身上轉移至他人，欲望就會變得單純。」

稻盛和夫也正為了表示自己毫無私心，他在當時沒有持有第二電電株式會社的一份股份。雖然他知道投入第二電電株式會社肯定能夠獲取極大

的利益與財富，但是他以「動機至善，私心全無」自省，卻沒有去做這樣的事。

後來，當稻盛和夫再一次談到自己的一系列經歷時，他說：「在我為了一些無私的念頭而痛苦或焦慮時，常常柳暗花明又一村，突然出現解決之道。我總認為，這是更高的力量把我那無助而單純的念頭帶進潛意識中，才使我能洞察先機。」稻盛和夫認為，如果創業的時候忘卻了志向，只能夠謀求私利私欲，投機取巧，那麼第二電電株式會社也就不可能得到後來這麼好的發展了。

在激烈的市場競爭當中，天時地利都已經齊全的企業很多都不幸倒閉消失了，可是抱著「為社會、為世人」的第二電電株式會社卻得以倖存，而且還在百變不斷的通訊領域，依舊持續成長發展。

稻盛和夫認為主要原因就在於這裡存在著指導企業持續繁榮的、最重要的經營的要諦，也就是「動機至善、私心全無。」

稻盛和夫說：「捨棄私心，淨化心志，命運女神才會垂青。」「作為一個經營者，不應該存有私心，只有從私心的束縛中解放出來，判斷問題就非常簡單，部下也會尊敬你，會信任你尊重你，你也可以給他提出更高的要求。」

如果一個老闆滿腹私心，總是以滿足一己私利來考慮問題、決定行動，那麼就一定會給員工帶來傷害，對社會造成危害，最終也會對企業的發展，自己的發展造成不利。所以，要將「動機至善，私心全無」作為判斷標準，必須透過這樣的標準來經營企業。

決定事業成敗的分水嶺，就是看老闆有沒有一顆毫無雜念的「純粹之心」，也就是一顆善念。稻盛和夫總是會時時捫心自問，自身的利益是否妨礙了目標的完成。

如果總是以私利為中心的企業，是無法獲得員工信任的，更不會得到社會的認可。早在第二電電株式會社開業之初，由於企業在當時處於絕對劣勢地位，所以發展的非常不順利。後來，稻盛和夫將營業活動轉向以大眾的市外電話服務為主，並且向民眾遊說，努力得到回報，也正是這一舉措才讓第二電電株式會社發展勢頭良好，也才讓曾被斷言肯定是會最先倒閉的公司，成為唯一能夠與 NTT 持續抗衡的通訊營運商。

奉獻精神也是職業精神的表現。具有奉獻精神不僅僅員工需要，作為老闆也要有一點奉獻精神。

如果一個沒有奉獻精神的老闆那他們真的是渺小的、可悲和無價值的，因為他們只知道索取，不考慮員工的利益，由這種老闆所建立起來的企業自然是不幸的，因為老闆和員工真的就是「同床異夢」，各行其道，各自打著自己的小算盤，根本不會專注於企業的發展，把個人利益放在了首位。

可是，如果老闆具有了奉獻精神，那麼首先肯定就會以身作則，率先垂範。只有老闆先奉獻，才能夠切實影響和帶動他人，跟你一塊前進。

正如美國商務專家托尼‧亞力山德拉博士對一位美國企業高級代表說的一段話：「你的自我感覺如何？你真正在意的是什麼？如果你不能親力親為，只是在一旁指手畫腳的話，不管你的目標是什麼，是結束世界的饑荒，還是關心股票升降，你將永遠不會影響任何人改變他們的觀念和行為。」

▍要看到自身的巨大潛力

稻盛和夫在講到自己在做第一份工作的時候，他自己簡直就是一個剛進大城市的、標準的「鄉巴佬」，操著濃厚的南方口音。當時稻盛和夫自己覺得有些自卑，他承認自己的不足，知道自己能力也有限，所以總在試

圖進行著改變，他會緊緊抓住每一個學習的機會，努力學好技術。稻盛和夫說：「真的做不到的話，不必裝作很行。承認自己有所欠缺，並從那兒出發吧！」終其一生，稻盛和夫都經常提醒自己不能忘了這點。

稻盛和夫說過：「絕對不要把自己的能力看得很低，要看到自身的巨大潛力，對於看似難以達成的事情，也不要放棄。」

稻盛和夫曾經舉了一個例子，在 1966 年，他所在的京瓷公司接到了美國巨頭公司 IBM 製造 lC 用積體電路板 2,500 萬個的大宗訂單。而在當時，京瓷一年的銷售總額還不到 5 億日元，可是這一筆訂單就達到了 1.5 億日元。但是 IBM 的品質基準是極為苛刻的，尺寸精度與其他過去的產品相比，甚至在有的時候高出 10 倍以上。

稻盛和夫介紹說，當時京瓷公司連測量這種尺寸精度的儀器也沒有。但是，他們還是將這筆訂單接了下來，因為他知道自己很難通過 IBM 的檢驗，可是如果自己能夠透過提高技術來解決問題，戰勝這一考驗的話，那京瓷的技術就能達到世界最高水準。

就這樣，稻盛和夫和他的同事們接下 IBM 的大筆訂單，開始採購必要的生產設備，一切工作稻盛和夫也都會衝在第一線，拼盡全力進行產品開發。

為了研發產品，稻盛和夫經常通宵達旦，就這樣持續了三五個月，終於按 IBM 的規格要求，完成並交付了最初的 20 萬個產品。可是，所有產品都沒能夠通過 IBM 的檢驗關口，產品最後被悉數退回。

這就意味著，稻盛和夫他們的開發工作要從頭再來，但是他們並沒有放棄，仍然堅持不懈地進行產品開發，即使是在夜間，也還有技術員堅持進行產品的開發，甚至還因為產品總是達不到要求而哭泣。

稻盛和夫曾經多次讓技術員回去休息，可是技術員仍堅守在職位不願

意離去，於是稻盛和夫就對技術員說：「你向神祈求過嗎？」這句話的意思是說你是否已經盡了最後的、最大的努力，除了向神祈求之外，再也沒有其他辦法了，技術員當然明白稻盛和夫的意思，於是又重新向自己發起了新的挑戰。

稻盛和夫說：「學習也好，工作也好，有的人再稍稍努力之後，一旦遭遇挫折就放棄了，這樣最終什麼也得不到。必須堅韌不拔，努力再努力，不斷挑戰自己的極限，非如此不能成功，碰到困難就妥協退縮，事後又說『當時如果再加把勁就成功了』，因此後悔至極、懊惱不已。」

可見，努力的結果必然會有豐厚的回報。就這樣，在接到訂單的七個月之後，IBM 終於給京瓷產品發來了合格的通知。這也就意味著產品大批量生產才剛剛開始，但是，IBM 要求稻盛和夫他們要將 2500 萬個產品必須如期交付。為此，公司採用 24 小時三班輪休的體制，不間斷生產，在持續的無休息日、加班的情況下，最後終於如期將產品進行了交付，並受到 IBM 公司的高度好評。僅僅是依靠這項業務，京瓷在電子工業界一舉成名，擁有了向全世界誇耀的產品。

從此之後，京瓷進入到了快速發展的階段，陸續接到了美國快捷公司、通用電氣公司、摩托羅拉等公司的訂單，而且很快上市，進入了一流企業的行列。

其實，我們每個人的潛能都是無限的，善於激發和挖掘自己的潛能，你的力量就會變得更加強大。心理學家研究發現，絕大部分正常人只能夠運用自身潛藏能力的 10%，還有一大部分的潛能沒有被激發出來。也可以這麼說，每個人都有一座「潛能金礦」等待被挖掘，但是我們到底怎樣才能成功挖掘自己的潛能，從而一步步走向成功的呢？

激發潛能是需要一個過程的，能否正確歸因就是其中一個關鍵因素。

當我們在失敗的時候，積極歸因，在進步的時候肯定自己。把自己的每次進步都當作自己實力的體現。即使是偶遇失敗，我們也可以瀟灑開脫，一笑而過。

同樣良好的習慣也能夠帶動我們進步，進一步激發我們成功。稻盛和夫良好的習慣指引他的經營模式發展方向朝成功的道路前進，促進成功。如果我們能夠用正確的思維方式並賦以行動，你就會發現自己有無盡的潛能，就像是大力士，始終保持生命的活躍狀態，不要在無所事事中趨於平庸和頹廢。積極向上，發現自己的潛能利用自己的潛能，我們就會有超能量，因為這一切問題都將不是問題。

▎經營企業，就是在經營人心

當有人問到稻盛和夫為什麼能夠將企業管理的如此之好，稻盛和夫則說：「我到現在所做的經營，是以心為本的經營。換句話說，我的經營就是圍繞著怎樣在企業內建立一種牢固的、相互信任的人與人之間的關係這麼一個中心點進行的。」

其實也就是如何與同事友好相處，怎樣才能夠建立一個緊密合作的團隊。稻盛和夫採用明確的員工認可的奮鬥目標來凝聚大家，激發大家要共同關注企業的發展。除此之外，他還將員工的利益和企業的目標統一起來，建立了一個堅強有力、辦事公平的領導集體。

「以心為本」這一理念具體體現在對待員工的仁愛之心，對待合作夥伴的利他之心，對待社會的回報之心。稻盛和夫很好地將此融入到了企業管理之中，並且建立起了企業與員工、企業與社會的相互關係，形成具有稻盛和夫特色的經營哲學。

身為公司的高層管理者，稻盛和夫盡力抑制自私的本能，有意摒棄私

利，甚至願意為了公司和贏得員工的愛，甘願以生命作為賭注。

稻盛和夫曾經說過：「雖然人心脆弱不定，但是人心之間的聯結卻是所有已知現象中最為強韌的。」所以，稻盛和夫要做到信賴自己的員工，能夠更好地予以尊敬，並且不時地讚賞他們、鼓勵他們，給他們一種親切感，從而才能夠讓他們更加努力地工作，公司內部關係也自然會變得和諧起來。

稻盛和夫認為：「管理就是要重紀律，也不要忘了獎賞。員工如果從主管嚴峻的外表下感受到一顆溫暖的心，一定會願意追隨。」

一定要在企業內建立人們精神上的相互信任，做到心心相印，建立一個命運共同體。要使大家的命運緊密相連於一個核心。

稻盛和夫經常讓員工以小組為單位，一起閱讀、學習，而且他還常常教導員工要「變成相互信任的同志」，要「能和他人同甘共苦」。就這樣，稻盛和夫以他獨到的方式感染著每一個人，讓每一個人都願意為公司付出辛勞，從而也在此產生一種相互信任的感情。

其實對於一個企業來說，「人」才是企業當中最重要的，也是最核心的「部件」，提升企業中員工的素養顯然是非常必要的。

稻盛和夫總是會將自己創業以來的一部分股票無償地分給每一位員工，由此來提高員工的積極性，並且也讓他自己與員工之間結成了親密無間的關係。

甚至稻盛和夫還將企業利潤按「國家稅金、企業累積、職工獎勵」三部分來進行分配。他想盡千方百計，透過各種措施，提高員工收入。

稻盛和夫不只是把「以心為本」的經營思想停留在口頭上，而是做到了身體力行。在其感召下，全體員工自覺遵守企業的制度，為實現企業的經營目標而努力工作。

稻盛和夫說：「對事業缺乏誠心，就會變成不通血脈的冰冷之物。這樣的事也很難得到員工、交易夥伴以及全社會的認同和協助，而且缺乏誠心的經營者只會一味耍花招玩弄小聰明，不久必會誤入歧途，來之不易的成功也將毀於一旦。」

換句話說，企業的經營除了有好的員工之外，更需要有一個好的領導者去管理。既要志同，更需要道合，領導者的一舉一動都會被員工看在眼裡，記在心裡。久而久之，也自然會影響到員工的處事方式，做事原則。所以，作為領導者一定要發揮榜樣作用，帶領員工共同創造美好未來，共同為企業的發展累積財富。

當然，偽善的領導者在別人犯錯誤的時候，只會知道寬容，這樣反而會給團隊帶來迷惑。如此一來，部下也就無法建立起對其的信賴和尊敬，整體的道德標準也會隨之降低。

而一個有能力的領導者則應該有勇氣沿著正道而行，如果是有任何過失，更應該勇敢地承認，並向大家道歉，然後再帶領大家前進。

畢竟，我們不可避輕就重，推衍塞責，老是藏身在藉口之後。作為一個積極的領導者，就是應該帶好頭，起好典範作用，這樣員工才會全心全意為經營者服務，企業的業績才會得到更好的提升。

當我們從企業的角度來講，企業的成功是不可能靠一個全能的明星領導人的，而應該靠完善領導體系下多種領導能力和領導角色的有機結合，當然，領導者從最初具備影響力的特質，延伸到具備真正領導力是需要歷經五個層次：

1. 就是職位和權利，大家跟隨你是因為他們必須這樣做，這其實只是一個最低的層次。

2. 是資源和個人關係，你開始和一群人有關係，這個時候大家跟隨你，
   而這是因為他們自願的選擇。

3. 是成績和貢獻。大家跟隨你是因為你為組織或者公司作出了成績，是
   存在一定貢獻的，這樣你就開始在裡面建立了威信。

4. 是薪火相傳。當你在公司培養了很多人，大家跟隨你就是因為你對他
   們的培養和提拔，就代表你的領導能力已經超越了光是靠個人關係，
   這個時候你就會受到尊敬。所以，大家也更加願意跟你，雖然說你沒
   有在管他們，甚至有些人比你的職位更高，但是他們都開始願意接受
   你的意見。

5. 也是最高的層次，是因為你的品格，大家尊重你。大家跟隨你是因為
   你的品德、為人、能力和你所代表的目標和理想。

　　這一點並不是每個領導者都能夠做到的，因為有一些事情是講機遇
的，有的時候也講你天生有沒有這個能力。

　　正如通用汽車副總裁馬克赫根所言：「是人使事情發生，世界上最好
的計畫，如果沒有人去執行，那它就沒有任何意義。我努力讓最聰明、最
有創造性的人在我周圍，我的目標是永遠為那些最優秀、最有天才的人們
創造他們想要的工作環境。如果你尊敬人們並且永遠保持你的諾言，你將
會是一個領導者，不管你在公司的位置的高低。」

▋努力工作的彼岸就是美好的人生

　　不知道大家有沒有過這樣的思考：人為什麼要工作？稻盛和夫卻用
平實的語言告訴我們：「工作不僅僅是謀生的手段，其真正的意義在於磨
鍊靈魂，提升心志。只有透過長時間不懈地工作，磨礪了心志，才會具備
厚重的人格，從而在生活中沉穩而不搖擺。因而工作是人生最尊貴、最重

要、最有價值的行為，努力工作的彼岸就是美好的人生。」

那麼我們怎麼樣才能夠取得完美的工作業績呢？稻盛和夫告訴我們，要以「高目標」為動力，持續付出不亞於任何人的努力。

換句話說，不但要有「用百米賽跑的速度參加馬拉松」的危機意識，而且還要有面對困難和挫折時百折不撓、一往無前的勇氣，我們每個人都應該相信持續的力量一定能夠將「平凡」轉化成為「非凡」。

而在談到工作的方式和方法的時候，稻盛和夫指出，細節是最為關鍵的，要抓住一切機會磨鍊自己的工作「敏銳度」，因為最出色的工作就是產生於「完美主義」而不是「最佳」。其實也就是說，我們既要有創新意識，勇於嘗試別人沒有走過的路；又要有問題意識，不斷改良現有的工作成果。

因為創造性的工作不可能是一蹴而就的，它是由我們每天一點點的進步累積而成的，哪怕這一點點是微不足道的，但是只要做到每天都在進步，經過長期累積下來，就能夠孕育巨大的變化。

稻盛和夫一直以來都認為工作當中更應該努力的學習，而他學習的方式主要是透過閱讀各種書籍。他認為，一本好書足以啟迪人的心靈，感悟人生智慧。

稻盛和夫作為一位先行者、實踐者，他總是會以他自己的人生經歷告訴了我們生命的真諦：專心致志於一行一業，不膩煩、不焦燥，埋頭苦幹，堅持不懈，你的人生就會開出美麗的花，結出豐碩的果實。

而且稻盛和夫也印證了無所事事的忙碌，人也會變得無所事事，只是有的能量釋放均衡而有益，在壓制中，人可能不得已放棄了很多個人能力，對世界顯得悲觀。

如果從心理哲學上來看，認為人的人生觀當中的悲觀和個人價值當中

不能夠實現的因素是有著直接連繫的。

稻盛和夫在他小的時候，就對這個世界沒有過多的奢望，遇到事情的時候也不會胡思亂想，反倒能夠促成一種積極情緒。

鍛鍊的人會漸漸喜歡上鍛鍊，而經常鍛鍊的人，等到不鍛鍊的時候反而會讓自己的心理受到很大的折磨，但是對於不經常鍛鍊的人來說，一些鍛鍊反而會成為折磨。

稻盛和夫則找到了發洩心理能量的地方，也就是努力工作，這樣的感覺會讓人覺得非常愜意，也能夠非常積極地去工作，但是這其實也就好像經常鍛鍊的人一樣，他沒有把自己對工作表現出煩惱的情緒寫出來。

而稻盛和夫之所以能夠做到這一點，就是因為他有感恩的心態，這種心態會讓他在之後做事情的時候，只把好的一方面誇大，而忽略當時自己難以尋到出路的迷茫。

其實我們換句話說，不僅僅是「簡單的一句努力工作是美好的彼岸」這句話就可以簡單概括稻盛和夫當時的工作的，當時的他要想汗流浹背、滿面灰塵的努力讓公司上市，可是上市又不是終點，成功以後才可以說美好的彼岸。

而我們要想努力地去工作，首先就應該明白了自己到底在為誰工作，工作是一個施展自己才能的舞臺，我們寒窗苦讀所獲得的知識、我們的應變力，我們的決斷力，我們的適應力以及我們的協調能力都將在這樣一個舞臺上得以展示。

我們不要僅僅把工作看成是掙養家糊口的薪水，同時，工作當中的困難和挫折也是鍛鍊我們的意志，新的任務能夠拓展我們的才能，與同事的合作也能夠培養我們的人格，所以，從某種意義上來說，工作就是為了我們自己。

　　稻盛和夫認為，只有抱著「為自己工作的心態」，承認並接受「為他人工作的同時，也是在為自己工作」這個樸素的人生理念，才能心平氣和、盡職盡責將手中的事情做好，也才能贏得同事、領導以及社會的尊重，實現自身的價值。

　　的確，我們只有明白了自己是在為誰工作，這才能夠解除我們工作當中的困惑，才能調整好自己的工作心態，也才能夠激發我們的工作激情。特別是在工作當中，不管做任何事情，我們都應該把心態回歸於零，把自己放空，能夠始終抱著一種學習的態度，將每一項任務都視為一個新的開始，一段新的體驗，一扇通往成功的機會之門。我們千萬不能視工作如雞肋，食之無味、棄之可惜，結果做的心不甘、情不願，這樣於公於私都沒有好處。

▌喜歡自己的工作，不斷地鑽研創新

　　稻盛和夫就是一個喜歡鑽研的人，他 27 歲的時候在朋友的資助下創立了京瓷公司。然而，在公司運行的初期階段，出現了很多的問題，經營慘澹，工人們的薪水不能夠按時發放，很多工人都陸續辭職了。最後，稻盛和夫以出讓多得驚人的股份將最後一批工人挽留了下來。

　　可是困難還是接踵而至，但是稻盛和夫就是憑著自己驚人的毅力和樂觀的精神讓京瓷從一家「鄉村公司」成為一家世界級企業。也正是因為興致的牽引，使他能夠將足夠的能量都投入到京瓷上。

　　稻盛和夫說：「辭職並不表示從此就能過著天堂般的生活。要是我真辭職的話，大概不出三天，就急著回去工作了。有時我們會看到一些人似乎在忍受著莫大的痛苦。但其實只要他們能夠學會享受工作，或許就不覺得苦。只有熱愛自己的工作、並能從中得到無盡樂趣的人才能成功。」

　　稻盛和夫說道，在他當年剛剛進入公司的時候也是很煩躁的，公司連年虧本。但是沒有辦法，他只能逐漸適應，試著讓自己去喜歡這項工作。他的努力，使得自己對這份工作產生了很大的興趣。就是這種變化的出現，更是為其以後該如何對待工作這一問題給予了重要啟示。

　　也正如稻盛和夫所說，從大學畢業之後直到今天，無論是搞研究、做工作還是開展事業，稻盛和夫總是不斷地思考有沒有更好的辦法，不斷地進行著改良和改善，結果是專注於一件事情，並且從中萌生了許多創造性的事業。正是愛的力量，讓稻盛和夫樂於鑽研，逐漸喜歡上了這個事業。

　　正是因為熱愛，我們才喜歡去鑽研；正是因為喜歡，我們才甘於奉獻。這一觀點，還有一個與稻盛和夫有關的故事可以很好地說明瞭這一點。

　　稻盛和夫早先在原來的公司做研究的時候，有一位年輕的助手對他在研究資料等方面的成功所表現出來的情緒並不認同，說稻盛和夫這樣會給人一種很輕率、輕薄的感覺，甚至說：「像你這樣的人，我很難從內心承認你是我的上司。」結果，年輕人的話讓稻盛和夫頓時覺得脊背發涼。

　　為此，稻盛和夫回應說：「你這樣冷漠地看待事物，你的人生將會變得非常暗淡。在研究新型陶瓷這種枯燥的工作當中，研究成果帶來了感動，這種感動給我注入了新的熱情和主活的勇氣。」「為了將研究持續下去，我認為這種感動非常重要。你可以說我輕薄，但是有一點小小的成功，我就會從內心感到喜悅，我不會掩飾這種喜悅，我要擁有一個樂觀開朗的人生。」就這樣，稻盛和夫繼續研究、工作，而一面又在其中不斷獲得樂趣和滿足。

　　現今的社會，對物質成就的關注已經達到了前所未有的地步，各種誘惑和社會壓力也迫使越來越多的人紛紛追求世人的認同，而不是去聆聽自己內心的聲音，其中相互比較薪水就是眾多惡習之一。我們發現，成功的

人往往都並不是特別在乎自己的薪水所得，而是在乎自己的技能所得。

稻盛和夫也說過：「千萬不要把金錢看得太重」。也許，當你在與朋友閒聊的時候說出這樣的話，你一定會被認為是不真實的，而且還有可能會讓人覺得你屬於「站著說話不腰疼」的人。

但是，當我們詢問大多數在職場獲得成功的人時，他們都會強調：薪水肯定是次要地位的東西。有的時候一個職位可能沒給你提供很高的薪水，特別是當我們在剛剛畢業的時候找到的第一份工作，但是如果在這個職位上能夠學到東西，從做人做事各方面給你補充「營養」，那麼我們就不應該放棄，哪怕是最基層的入門工作。

在有的時候，我們為了學到工作經驗，為了自己的理想，寧願拿一份低於產業標準的薪酬，甚至是零薪水也可接受。

出版大師湯姆‧麥奇勒（Tom Maschler）是英國最重要的出版人，在四十多年的出版生涯當中，出版過加布列‧賈西亞‧馬奎斯（Gabriel García Márquez）、多麗絲‧萊辛（Doris Lessing）、巴勃羅‧聶魯達（Pablo Neruda）等十多位諾貝爾文學獎得主的作品。在剛開始的時候，湯姆‧麥奇勒非常想進入出版業，於是他專門挑選小的出版社投簡歷。

有一次面試，當面試官說沒有職位可以提供的時候，湯姆‧麥奇勒甚至說：「薪水多少不是問題。」

這句看似隨意說出的話卻很有用，於是，面試官讓湯姆‧麥奇勒下週一來上班。後來，當湯姆‧麥奇勒回顧這段經歷的時候，坦言道：「職位很低，薪水很少也可以學到東西。」

比湯姆‧麥奇勒更厲害的是「股神」巴菲特。巴菲特慕名格雷厄姆已經很長時間了，想進入研究生導師格雷厄姆的公司，於是主動提出願意接受零薪水。

正是一份零薪水的要求打動了格雷厄姆，才有了傾其一生所學的真心指教，然後才有「一代股神」巴菲特的出籠。

當然，巴菲特自己的天分、努力是基礎，更是前提。不過，如果沒有零薪水的大膽建議，巴菲特可能就不會被格雷厄姆錄取，那麼日後的「股神」也可能取不到真經。

不管你是否願意把上面的這些成功者當做榜樣，可是在選擇自己心愛的工作時，特別是最初的工作時，千萬不要把薪水看的過重，因為現實中那麼完美的事情很難發生。

為了追求自己真正熱愛的事業，有許多人甚至會在職業生涯剛開始的時候便拒絕許多高薪的工作。這樣的人最終會成為真正的贏家，無論是心理滿意還是從物質待遇上來說，都是如此，因為當我們一個在做自己喜歡的事情時，往往比較容易成功。

▍下功夫經營，會讓你產生驚人的成就

稻盛和夫一直以來都認為，年輕人在剛剛步入工作職位的時候，多少都會有消極的情緒和態度。稻盛和夫說道，他在自己剛剛參加工作的時候也是這樣，稻盛和夫說自己在研究室工作的時候，每天不是要在瑪瑙制的乳缽裡將原料混合，就是整天開動粉碎原料的罐磨機，對現今的這項工作並沒有太留心。

直到有一次，稻盛和夫看到前輩的技術員用刷子仔細清洗罐磨機的情景，才深深吸引了他的注意。因為罐磨機中研磨球經常會有傷痕或缺損，在它的凹坑中黏附著上一次實驗留下的少許粉末。前輩們總是先用刮刀將凹坑中的粉末剔除，再用刷子將球洗乾淨。稻盛和夫當時並不明白為什麼「一個大學畢業的漢子卻做這麼瑣碎的小事」。

　　隨著一次次試驗的不順利，稻盛和夫說自己才逐漸明白實驗沒成功和預想吻合的原因。想起前輩刷洗罐磨機的情景他才恍然大悟，「因為洗研磨球時馬虎粗心，前次實驗的粉末，雖然只是少許，卻留在了凹坑裡。就因為混入了這一點點的粉末，使得陶瓷的性能發生了微妙的變化。」

　　前輩的那種踏踏實實、認真的精神給了稻盛和夫很大的啟示。在隨後的日子裡，無論天氣多麼寒冷，稻盛和夫總是會認真地清洗機器，仔細觀察有無雜質殘留，然後，擦乾、收好，以備下次實驗使用。

　　但是在工作之餘，稻盛和夫還是存在著複雜的情緒，一邊想：「天天做這個，前面的道路能光明嗎？」而另一邊又覺得：「現在我是用瑪瑙乳缽將原料混合，這看來是瑣碎的事，但是辛勤工作的累積一定會帶來偉大的科技成果。」

　　稻盛和夫後來回憶說，他自己用了很長一段時間來調解當時自己這樣的一個心結，並悟出了一個道理，那就是要「踏踏實實、一步一個腳印，持續地努力工作」。稻盛和夫認為，無論事情多麼微不足道，都應該保持一貫的態度。

　　一個下工夫去改善自己的人，相對於沒有這麼做的人，長期堅持下來的話，往往會產生驚人的差異。稻盛和夫也同樣告誡自己和員工說：「如果想要和別人一樣出色的話，做同樣的事就可以了。如果想比別人再提高一點的話，就要付出更大的努力，只靠一般的努力是不行的。」也正是這樣，稻盛和夫將「把分配給自己的工作當做天職，一輩子持之以恆，努力不止」。這樣才會充實，成功的可能性才會變大，這也是工作中非常重要的一點。

　　相信自己的可能性，是下功夫經營的前提，而這個時候，你必須要做的就是想辦法讓「思想」之火生生不息。那將為你帶來成功與成就，同時

你的個人能力也將在此過程中一舉提升。

在京瓷公司第一次接到 IBM 所下的大筆零件訂單的時候，IBM 在規格方面的要求簡直嚴格到了無法想像的地步。

當時，一般的規格明細頂多就是一張圖而已，可是 IBM 的卻是厚厚的一大本書，內容更是極盡詳細和嚴格。為了達到 IBM 的要求，稻盛和夫和員工們一而再、再而三地反覆試做，然而總是失敗，無法達到標準。最後好不容易做出了完全符合規格的產品，但是卻還是被 IBM 蓋上不合格產品的標記，給退了回來。IBM 對尺寸要求的精準度，比一般標準要嚴格很多，更何況當時稻盛和夫的公司根本沒有測量精準度的儀器。

稻盛和夫回憶說「以我們當時的技術來說，應該是辦不到吧！老實說，這個念頭曾經不止一次閃過我的腦海。可是，當時的京瓷不過是一家無名的中小企業，要一舉提升自身技術，打響知名度，這可是千載難逢的好機會呀！於是，我把消極悲觀的員工訓斥了一番，要大家以背水一戰的心情，盡所有可能的努力，把看家本事毫無保留地全部使出來。可惜，仍然不是很順利。」

最後，稻盛和夫一再反覆超乎常人的努力之後，終於達到了那令人望而生畏的超高標準，成功開發出無懈可擊的產品。

可見，儘管感覺力不從心，但是我們也要站在未來的角度告訴自己：「那只是暫時的，有一天我一定能辦到。」要相信自己還有許多沒有發揮的潛在能力。

在京瓷公司很多事情並不是那麼容易就能夠順利完成的，為此在每次碰到困難的時候，稻盛和夫都會大聲激勵員工：「說什麼沒辦法、做不下去了，現在只不過是中途站罷了。只要大家使出全力撐到最後，一定會成功的。」

的確也是這樣，有些事情在剛開始的時候，明明連自己都覺得不可能，還硬以一句「沒問題」去承接下來，說起來這實在跟說謊沒什麼兩樣。但是，以一開始的不可能為起點，只要你能堅持奮戰到老天爺出手相助的那一刻，把事情完成，那麼原先與說謊無異的輕率之舉，就會轉變成實實在在的成績。

稻盛和夫也就是這樣一次又一次地完成了不可能的任務。換句話說，一直以來稻盛和夫所做的事情都是從未來觀點來衡量自己的能力，下功夫經營，從而產生了驚人的成就。

▌員工與顧客需要我們的呵護

稻盛和夫說：「我個人的經歷就是這樣。當我處於忘我的狀態，為員工、為客戶，一心不亂、全神貫注地投入研究開發的時候，當我為世人、為社會開拓新事業的時候，我就無意中觸及那寶庫中睿智的一端，於是我就能開發出劃時代的新產品，並且使事業獲得意想不到的進展。」他認為，一個企業如果沒有社會價值就不能夠發展，更不能生存，經營企業千萬不要自以為是，而是必須滿足社會的需求。

領導者是企業的典範，其行為、態度、姿態的好壞將會直接擴散到整個集體當中，所以，領導者要起到模範榜樣作用，其形象也是整個集體的展現。

有的領導者一旦居於高位，就開始傲慢不遜。這樣的領導者，即使會有一時的成功，但是終究也會因為得不到周圍的通力合作，而讓集體不能夠持續地發展和壯大。

稻盛和夫說：「無論意志有多堅強，多麼希望創下出色的業績，但從不體諒雇員和身邊眾人，這樣的經營者沒有存在的價值，他們所經營的企

業也不可能長久繁榮。作為經營者，要將良好的氣氛、良好的社會土壤移植到集體中，以求共同發展。」

　　稻盛和夫曾經講述了這樣一個事實。在 1974 年的時候，受石油危機影響，日本經濟非常不景氣，京瓷公司當年的利潤就減少 50.36 億日元，純利潤下降 11.31 億日元。當時大多數的企業都是透過裁員的方式度過難關，但是稻盛和夫堅絕不裁員、不停工。

　　為了度過難關，稻盛和夫將公司管理層的薪水大幅度降低，並且採取節能降耗等措施。公司員工最後被稻盛和夫的善舉所打動，與企業風雨同舟，努力使企業踏入正軌。

　　稻盛和夫認為，只要他得到正確的培訓，那麼每一位員工都是優秀的；只要他得到正確的理念，那麼每一位員工都能夠對工作付出、負責、用心。

　　任何公司的發展都離不開員工對工作的配合，而那些總想著讓自己能掙到錢的人，很多的時候一生只會在平庸當中度過，而總想著透過自己的努力工作為企業創造價值的人，往往會取得了不起的成績。

　　一個人只有為企業、為他人、為社會做出奉獻，他才會是富有的、富足的。這也就是因為員工贊同經營者的理念，他們會志同道合，有共同的志向，互相值得信賴，從而讓公司穩步求升。

　　稻盛和夫說：「生意是一種信賴的持續累積，如果能加深顧客對我們的信賴，就能帶來商機。」稻盛和夫自己也經常與部下商議，汲取眾人的智慧，群策群力，商量著解決問題。

　　經商其實就是這樣，只是想著自己獲利的生意肯定是不能夠長久成功的。「賣者開心，買者高興」，經商必須要做到交易的各方皆大歡喜，切忌，經商絕非你虧我賺的「零和遊戲」，而這也就要求企業憑藉物美價廉

的產品、完善的服務來贏得顧客的信賴。

　　如果商傢俱有了較高的道德標準和高尚的人格，那麼顧客在信賴之外還會給予更多的認可和尊敬。這樣，顧客尊重企業，也就會無條件地購買其產品，這自然也是企業贏得信任的一種策略，更是企業長期發展所必要的原則。

　　企業的獲利之道就在於「使顧客滿意」，但是很多企業都誤解了「獲利」的真正意義，往往會以追求自身的利潤最大化為主要目標。而稻盛和夫認為，這種態度必然會導致這樣的結果：「機會之神很少去敲自私自利者的門，沒有一個上門的顧客是來取悅店主的。」

　　所以說，企業不但要讓顧客滿意，更要懂得取悅企業自己的員工，因為企業的生存也是依賴於他們的。

　　現代很多的企業老闆都喜歡畫大餅，也就是給員工一些精神上的糧食，讓其為自己賣命。這本來是無可厚非的事情，畫大餅也可以說是老闆調動員工工作積極性的一個絕好手段。但是最為關鍵的問題在於老闆畫的這個餅是虛的還是實的。

　　其實，作為員工，無不希望自己的老闆給自己更多的、足夠的發展空間，能夠給自己不錯的發展待遇，而老闆也希望員工能夠為公司創造財富。

　　當員工相信老闆畫的大餅的時候，肯定會踏實為老闆產生價值，創造財富的時候，那麼老闆是否該實現當初的諾言呢？一些聰明點的老闆會給員工兌現承諾，這樣一來可以讓其更加賣力的地為公司創造更多的財富，而且另一方面又可以給其他的員工一個好的示範作用：「你看，只要你努力了，做出成績了，我就給你獎勵。這是多好舉措啊。」

　　可是在現實當中，偏偏有很多不開竅的老闆，他們根本把這種事情看

成是不已為然，企業是我的，那麼我說要兌現就兌現，那有你討價還價的份。就算你不服氣也不行，走了你一個還有千萬個。這種想法肯定是不正確的。

在善待員工方面，應該至少做到以下兩點：

第一，善待員工一定要出自真誠，嘴裡喊著「我尊重員工」，但是行為卻與此相反，這樣更容易讓員工覺得自己受到了欺騙。

第二，承諾一定要兌現。要麼就不要給員工承諾什麼，既然承諾了就一定兌現，畫餅終究不能充飢。

▌極度認真地經營能夠扭轉人生

稻盛和夫說：「一個『極度』認真的工作態度能夠扭轉人生。」話雖然這麼說，但是稻盛和夫原本也不是一個熱愛勞動的人，而且他曾經認為，在勞動當中遭受苦難的考驗，這簡直就是不能接受的事情。

在稻盛和夫還是孩童的時候，他的父母就經常用鹿兒島方言教導他：「年輕時的苦難，出錢也該買。」

而稻盛和夫總是反駁說：「苦難？能賣了最好。」因為在那個時候，稻盛和夫還是一個出言不遜的孩子。

透過艱苦的勞動是可以磨鍊我們每個人的人格，而且還可以修身養性，當然，這樣的道德說教，我們現在大多數年輕人的反應也是一樣，不屑一顧。

但是，當稻盛和夫大學畢業之後，特別是在京都一家瀕臨破產的企業「松風工業」就職以後，他的這種淺薄的想法就被現實徹底的粉碎了。

松風工業是一家製造絕緣瓷瓶的企業，原來在日本產業內是頗具代表性的優秀企業之一。但是在稻盛和夫進入這家公司的時候，早已面目全

非，遲發薪水更是家常便飯，公司已經走到了瀕臨倒閉的邊緣。

除此之外，業主家族的內訌不斷，勞資爭議不絕。每次稻盛和夫去附近商店購物的時候，店主總是會用同情的口吻對他說：「你怎麼到這兒來了，待在那樣的破企業，老婆也找不上啊！」

所以，當時和稻盛和夫同期入社的人，一進公司就覺得「這樣的公司真是令人生厭，我們應該有更好的去處」，於是大家就常常聚到一塊，牢騷不斷。

而且當時正處於經濟蕭條時期，稻盛和夫也是依靠恩師的介紹才好不容易進了這家公司的，心中還是懷著感激，情理上就更不該說公司的壞話了。可是，當時的他年少氣盛，早把介紹人的恩義拋在一邊，儘管自己對公司還沒作出任何貢獻，但是牢騷的話卻比別人還要多。

就在進入公司還不到一年的時間，同期加入公司的大學生就相繼辭職了，最後留在這家破公司的除了稻盛和夫之外，只剩下一位九州天草出身的京都大學畢業的高材生。稻盛和夫他們倆商量後，決定報考自衛隊幹部候補生學校，最後他們倆都考上了。

但是當時辦理入學需要戶口名簿的影本，於是稻盛和夫寫信給在鹿兒島老家的哥哥，請他寄來，但是等了好長時間都毫無音訊。結果是那位同事一個人進了幹部候補生學校。

後來稻盛和夫才知道，老家是不願意寄戶口名簿影本給他，因為當時他的哥哥非常惱火：「家裡節衣縮食把你送進大學，多虧老師介紹才進了京都的公司，結果你不到半年就忍不住要辭職？真是一個忘恩負義的傢伙。」於是稻盛和夫的哥哥氣憤之餘拒不寄送影本。

沒有辦法，最後，只剩下稻盛和夫一個人留在了這個破敗的公司。

就剩下稻盛和夫一個人了，他顯得非常苦惱。

　　稻盛和夫那時候想，辭職轉行到新的職位也未必能夠獲得成功，有的人辭職之後或許人生變得更順暢了，但也有的人人生卻變得更加悲慘了。有的人留在公司，努力奮鬥，取得了成功，人生也變得更加美好；但是也有的人雖然留任了，而且也努力工作，但是人生還是很不如意，所以情況因人而異吧。

　　到底是離開公司正確，還是留在公司正確呢？稻盛和夫在經過長時間的思考之後做出了一個決斷。

　　正是這個決斷也迎來了他的「人生的轉機」。

　　只剩稻盛和夫一個人孤零零留在這個衰敗的企業了，而他被逼到這一步，反而清醒了。稻盛和夫說：「要辭職離開公司，總得有一個義正詞嚴的理由吧，只是因為感覺不滿就辭職，那麼今後的人生也未必就會一帆風順吧。」在當時，稻盛和夫還找不到一個必須辭職的充分理由，所以他決定：先埋頭工作。不再發牢騷，不再說難聽的話，稻盛和夫努力把心思都集中到自己當前的本職工作中來，聚精會神，全力以赴。這時候稻盛和夫才開始發自內心並用格鬥的氣魄，以積極的態度認真面對自己的工作。

　　也正是從此以後，他的工作認真程度，真的可以用「極度」二字來形容。

　　在這家公司裡，稻盛和夫的任務是研究最尖端的新型陶瓷材料。當時稻盛和夫把鍋碗瓢盆都搬進了實驗室，睡在那裡，晝夜不分，甚至連一日三餐也顧不上吃，全身心地投入了研究工作。而他的這種「極度認真」的工作狀態，在別人看來，簡直就是一種悲壯的色彩。

　　當然，因為是最尖端的研究，像拉馬車的馬匹一樣，光用死勁是不夠的。稻盛和夫還訂購了刊載有關新型陶瓷最新論文的美國專業雜誌，一邊翻辭典一邊閱讀，還到圖書館借閱專業書籍。當時他往往都是在下班後的

夜間或休息日擠出時間，如飢如渴地學習、鑽研。

在這樣拚命努力的過程中，不可思議的事情居然發生了！

原來大學時稻盛和夫學習的是有機化學，他只在畢業前為了求職，突擊學習了一點無機化學。可是當時，在稻盛和夫還是一個不到 25 歲的毛頭小夥子的時候，他居然一次又一次取得了出色的科研成果，成為無機化學領域嶄露頭角的新星，而這些很顯然都是得益於稻盛和夫專心投入工作這個重要的決定。

稻盛和夫說道：「之後，進公司後要辭職的念頭以及『自己的人生將會怎樣』之類的迷惑和煩惱，都奇蹟般地消失了。不僅如此，我甚至產生了『工作太有意思了，太有趣了，簡直不知如何形容才好』這樣的感覺。這時候，辛苦不再被當做辛苦，我更加努力地工作，周圍人對我的評價也越來越高。」

在這之前，我們可以說稻盛和夫的人生是連續的苦難和挫折。但是從此以後，也正是在不知不覺中，稻盛和夫的人生步入了良性輪迴。在不久之後，他的人生更是獲得了第一次的「大成功」。

讓企業中的人成為一個命運共同體

稻盛和夫認為，我們每個人都是生而自由的獨立個體，當然人人都有各式各樣的想法。而理想的組織應該是充滿和諧氣氛的，其中的每一個人都能夠真誠地追求自己的目標，不會受到教條或者是命運的限制。

也許，這樣的想法在我們的眼中可能過於理想化，但是大家只有做到目標相互一致，「在社會團體中存在不同的聲音，可以代表一種朝氣蓬勃的現象」。但是對於企業來說，也就是對一個有特定人物的組織而言，其中所有的成員必須要有相同的基本價值觀。稻盛和夫說：「如果只是愛好

相同的小組，那麼只要暢所欲言，充分發揮個性就行了。但如果是個有目的的集體，就必須擁有共同的價值觀，這樣才能團結一致地為達到目的而奮鬥」。

這樣，組織者首先想到的就是要積極主動去工作，並且也會影響和推動其他的人，這樣一來，那麼周圍的人自然而然都會前來協助你。

其實也就是稻盛和夫所說的：「很多人聚集在一起的時候，最理想的關係就是心心相通。相互尊重的同事聚在一起是一件值得慶倖的事，在這樣的集體中，大家為了同伴，再辛苦也是值得的。我很討厭在彼此不信任的氛圍中工作。」

所以，稻盛和夫總是要求自己的部下要像自己一樣坦誠、認真。在招收新員工的時候，稻盛和夫首先向他們闡述自己的人生觀、事業觀等等，而且還特別強調「我錄取新員工的標準看的不僅僅是能力，而是看他是否理解貧苦人的心情，對別人的辛酸是否是無動於衷，看一個人是否具有極力克制私欲的人生觀，看他是不是一個坦率的人、老實的人」。其實，稻盛和夫的主旨就是在尋找與自己有著共同目標、有著要共同為公司發展努力的人，只有共同的志向，才能夠找到一個共同前進的方向。

稻盛和夫無時無刻不在強調「命運共同體」，從而來加強員工的凝聚力。稻盛和夫認為經營者要愛護員工，而員工也應該體諒經營者，能夠互相幫助，互相扶持，共同謀求企業的共同發展。

在日本經濟蕭條時期，很多大型企業都開始辭退派遣工，把派遣工從公司的宿舍裡面趕了出去。但是，當時的稻盛和夫卻聽到派遣工們說：「總得讓我們平安地迎來新年吧，從宿舍被趕出來之後，我們只能夠流落街頭。」稻盛和夫認為近代的資本主義，總是拿人工費說事情，喜歡把雇傭工人的人工費這一經營專案當成影響企業發展的一大障礙，甚至把人在

有的時候當成東西處理。一旦遭遇不景氣，沒有別的辦法的時候，公司為了減少經費，首先想到的就是解僱員工。

而這種情況在經濟蕭條時期當然變得更加明顯。稻盛和夫說，在石油危機出現的時候，京瓷公司以企業的持續發展作為出發點，決定公司領導層全部降薪，而以往公司在第二年都是上調薪資。雖然當時稻盛和夫的這種做法阻力重重，但是京瓷工會還是接受了稻盛和夫先凍結加薪的申請，並沒有加薪，而是將錢用於公司的運轉。當時其他的公司因為加薪問題持續出現了勞動爭議，但是京瓷卻由於處理得當，並沒有出現員工罷工的事情，每個人依舊努力工作，為了公司能夠儘快恢復良性發展，夜以繼日奮鬥著。

稻盛和夫認為，大家都以同樣的價值體系來做事情，認同公司生存的基本哲學以及其成功之道，那麼在群力群策的同時，也能夠讓個人有最大的自由去發揮自己的才能。

到了後來，隨著經濟的復甦，企業業績開始回暖之後，稻盛和夫又將定期的獎金大幅提高，而且還支付臨時的獎金，並在此之上還支付了員工在當時凍結了兩年的加薪，以這樣的方式報答當時員工及工會對他的信任。

這其實也正是因為員工與稻盛和夫一樣，都希望能夠為公司的發展盡一份自己的力量，否則也不會發展的如此之快。稻盛和夫說：「我一直希望和同事們結成這樣一種關係：就算再辛苦大家也可以相互合作，一起努力工作，而不想同大家僅僅靠雇傭關係冷冰冰地維繫在一起。」

正因為如此，稻盛和夫一直以來都覺得，企業經營不能靠經營者的單槍匹馬，必須與員工們共同努力。因為一個人能做的事情畢竟是非常有限的，需要許多志同道合的人團結一致、腳踏實地、持續努力，從而才能夠成就偉大的事業。

　　為了能夠讓員工擁有與自己一致的想法，稻盛和夫總是會利用各種場合與他們交流溝通，努力構建一個有共同思想、有統一方向的團隊，把自己的員工力量完全凝聚起來，做好每一天的工作，也就是這樣，稻盛和夫才造就了今天這樣一個共同奮鬥的團隊，才有京瓷公司今天的成就。

▎企業經營不是個人的事，全員都要積極參與

　　稻盛和夫曾經說過，當他在創建京瓷的時候就認為必須要建立正確的經營哲學，並且讓全體員工都要擁有這種哲學，同時還必須建立能夠準確、及時地掌握基層組織經營狀況的管理會計制度。所以，稻盛和夫在進行技術開發、產品開發和行銷活動的同時，總是會不遺餘力地確立經營哲學和管理會計制度。

　　後來，隨著京瓷公司的快速發展、規模不斷壯大，稻盛和夫更是渴望找到一批能夠和自己一起同甘共苦、共同分擔經營重任的經營夥伴。於是，他將公司分成若干個「阿米巴」小集體，從公司內部選拔「阿米巴」領導者，並且委以經營重任，從而培育出了眾多具有經營意識的領導者，也就是合作夥伴。

　　「阿米巴經營」就是以各個阿米巴的領導者作為核心，讓他們能夠自行制定各自的計畫，並且依靠全體成員的智慧和努力來共同完成目標。透過這種做法，能夠讓第一線的每一位員工都成為主角，主動參與經營，進而實現全員參與經營。

　　我們將「阿米巴」用確切的例子說明的話，就是說如果有一件陶瓷產品有四道工序，這四道工序就可以分成四個「阿米巴」，每一個「阿米巴」就好像是一個小企業，都有經營者，都有銷售額、成本以及利潤等。而「阿米巴經營」既要考核每個「阿米巴」的領導者，也要考核每個「阿

米巴」成員每小時所產生的附加值，這就是「阿米巴經營」的效用，因為它可以讓全體員工共同活動起來，能夠充分發揮每個員工的積極性和創造力，從而讓企業「活」起來。

稻盛和夫說：「阿米巴經營要求每一個經營者、高管、部長等身先士卒，付出成倍於別人的努力。同時，在經營過程中也要具有基本的人格魅力。這樣員工才會甘願努力工作，企業才會有提升的可能。另外，『阿米巴經營』是屬於企業整體的。」所以，每個「阿米巴」內部的每一個成員都能夠為自己和自己的「阿米巴」切實考慮到業績的時候，也要為別人和別的「阿米巴」著想，這樣企業才能夠得到協調發展。

稻盛和夫說：「京瓷之所以得到發展的原因之一，就是依靠『阿米巴經營』這種卓越的經營管理體系。這種體系就要求每一階層的管理者都要鼓足幹勁、力爭上游。要求每一個部門的主管和成員無論如何都要提高核算的願望與決心。只有這樣，才能憑藉自己堅強的意志朝著自己的目標進行挑戰。」

在京瓷公司的內部，即使是製造部門，也存在各式各樣的阿米巴在開展經營活動。有的阿米巴小組專門生產一些全優的產品，從而提升企業的業績，而有的阿米巴則生產一直以來的傳統產品，還有的部門專門負責開拓新的領域，擁有了這樣明確的分工，就能讓小組成員有一個既定的奮鬥目標，就會有明確的方向，會向著自己的目標，努力工作。也就是說，有著明確的事業目的和意義。

「阿米巴」的建立，讓部門領導者和成員都能夠自然而然地升起一股強烈的責任心，會為了自己所在部門要達到的目標，從而開始鼓勵自己的部下，鼓舞人心，共同向目標方向前進。這樣，既可以提高領導者的能力，也可以凝聚人心。

　　稻盛和夫說：「在組織的成員與領導者一起努力實現自身目標的同時，也會逐步提高經營者的意識。」

　　為此我們可以說，「阿米巴經營」是培養領導者、提高全體員工經營者意識的完美的教育體系。

　　我們一直以來都被教導，自己動手豐衣足食，那麼難道真的是什麼事情都應該親力親為嗎？其實答案是否定的。設想，如果你想寫一封信，難道真的自己去砍一棵樹，然後找到機器來磨紙漿、造紙，甚至自己做鉛筆嗎？

　　我們每個人都知道，這顯然是不可能的，因為只需要去文具店花少量的錢就可以買到我們寫信需要的筆和紙了，根本不需要自己去生產製作，這樣就極大的節約了我們的時間，給我們帶來了便利，而這些便利就是透過分工帶給我們的。那麼到底什麼是分工呢？

　　生產中的分工，就是從勞動過程的分解開始的，也就是說，把生產勞動劃分為各個組成部分，每一類人進行一部分的操作。

　　我們不要看撲克牌小，但是每張牌在出售之前要經過七十道工序，而每道工序是由不同工種的工人完成的。如果這些程式全部由一個人完成，那麼無論技術多麼熟練，一天也做不出幾張牌，可是生產的分工卻能夠讓生產效率有了很大的提高。

　　鐘錶的製造過程更加複雜，鐘錶產業一共有 120 個不同的部門，分別負責製造不同的配件，如果每個人都能夠製造所有的配件，那麼可想而知，這樣效率也是非常低的。

　　所以說，工作劃分得越細，每個勞動者工作的範圍越小，而勞動生產力就可以更高，自然也會為公司帶來更多的效益。

商道即人道，稻盛和夫的「利他競爭力」：

自燃性人才 × 不圓滑生存法，從未受上天眷顧的小職員，如何創下常人不可企及的商業奇蹟？

作　　者：宋希玉

發 行 人：黃振庭

出 版 者：崧燁文化事業有限公司

發 行 者：崧燁文化事業有限公司

E-mail：sonbookservice@gmail.com

粉 絲 頁：https://www.facebook.com/
　　　　　sonbookss/

網　　址：https://sonbook.net/

地　　址：台北市中正區重慶南路一段六十一號八
　　　　　樓 815 室

Rm. 815, 8F., No.61, Sec. 1, Chongqing S. Rd.,
Zhongzheng Dist., Taipei City 100, Taiwan

電　　話：(02)2370-3310

傳　　真：(02)2388-1990

印　　刷：京峯彩色印刷有限公司（京峰數位）

律師顧問：廣華律師事務所 張珮琦律師

定　　價：375 元

發行日期：2023 年 03 月第一版

◎本書以 POD 印製

國家圖書館出版品預行編目資料

商道即人道，稻盛和夫的「利他
競爭力」：自燃性人才 × 不圓滑
生存法，從未受上天眷顧的小職
員，如何創下常人不可企及的商業
奇蹟？/ 宋希玉著 . -- 第一版 . --
臺北市：崧燁文化事業有限公司，
2023.03

　面；　公分

POD 版

ISBN 978-626-357-187-7(平裝)

1.CST: 稻盛和夫 2.CST: 企業經營
3.CST: 人生哲學 4.CST: 成功法

494　　112001949

電子書購買

臉書